c语言程序设计基础

曾亚平　曾嵘娟　张亚娟　主编

延边大学出版社

图书在版编目（CIP）数据

c语言程序设计基础 / 曾亚平，曾嵘娟，张亚娟主编
. —延吉：延边大学出版社，2019.6
ISBN 978-7-5688-7233-1

Ⅰ.①c⋯ Ⅱ.①曾⋯ ②曾⋯ ③张⋯ Ⅲ.①C语言—
程序设计—高等职业教育—教材 Ⅳ.①TP312.8

中国版本图书馆CIP数据核字（2019）第137083号

c语言程序设计基础

主　　编：曾亚平　曾嵘娟　张亚娟
责任编辑：金石柱
封面设计：盛世达儒文化传媒
出版发行：延边大学出版社
社　　址：吉林省延吉市公园路977号　　　　邮　　编：133002
网　　址：http://www.ydcbs.com.　　　　　E-mail：ydcbs@ydcbs.com
电　　话：0433-2732435　　　　　　　　　传　　真：0433-2732434
制　　作：山东延大兴业文化传媒有限责任公司
印　　刷：天津雅泽印刷有限公司
开　　本：787×1092　1／16
印　　张：10
字　　数：215千字
版　　次：2020年7月第1版
印　　次：2020年7月第1次印刷
书　　号：ISBN 978-7-5688-7233-1

定价：54.00元

前　言

　　学习程序设计本身是一件既充满挑战、更充满乐趣的事情。然而，它常常会给人以枯燥乏味的感觉，是因为没有人帮助发掘出其中的趣味。本书力图用最简明的语言、最典型的实例以及最通俗的类比和解释将这种趣味性挖掘出来，带给读者全新的学习体验，和读者一起欣赏c语言之美，领悟c语言之妙，体会学习c语言之无穷乐趣。

　　本书以应用为背景，面向编程实践和问题求解能力训练，从实际问题出发，在一个实际案例的不断深化中逐步引出相关知识点，借助任务驱动的实例将相关知识点像珠链一样串联起来，形成"程序设计方法由自底向上到自顶向下"和"数据结构由简单到复杂"的两条逻辑清晰的主线。案例内容紧密结合实践，举一反三，融会贯通。在任务驱动下，由浅入深、启发引导读者循序渐进地编写规模逐渐加大的程序，让读者在不知不觉中逐步加深对c语言程序设计方法的了解和掌握。

　　在内容的指导思想上，本书以c语言为工具，介绍计算思维方法和程序设计的基本方法，不拘泥于c语言的基本语法知识，面向实际应用，把计算思维方法和程序设计中最基本、最新、最有价值的思想和方法渗透到c语言的介绍中。目的是使读者在学习了c语言以后，无论使用什么语言编程，都具有灵活应用这些思想和方法的能力。

　　全书共分13章，内容包括：c语言基础知识，c数据类型，简单的算术运算和表达式，键盘输入和屏幕输出，选择控制结构，循环控制结构，函数，数组，指针，字符串，指针和数组，结构体和共用体，文件操作等。

　　在内容编排上，全书内容注重教材的易用性。本书既适合于程序设计的初学者，也适合于想更深入了解c语言的人。书中设计了很多思考题，并在每章的扩充内容中增加了一些有一定深度和开放性的内容，供希望深入学习程序设计的读者选学和参考，力求做到内容有宽度、有深度、有高度。

　　在内容写作上，本书力图避免以往教材编写中常常出现的通病和问题，如"实例不实，为解释语法而设计""语法堆砌，只见树木不见森林""忽视错误程序的分析和讲解"等。因此编写的主要特色是注重错误程序的讲解和分析以及与软件工程内容的联系。在分析常见错误案例的过程中，讲解程序设计的基本方法、程序测试方法以及程序调试和排错方法，帮助读者了解错误发生的原因、实质、排错方法及解决对策。

因编者水平有限，书中错误在所难免，欢迎读者批评指正，对教材提出意见和建议。

目　录

第1章　c语言程序设计概述

1.1　c语言简介

1.1.1　c语言的发展历程和趋势

c语言是在 BCPL（Basic Combined Programming Language）语言基础上发展而来的，BCPL 语言的原型是 ALGOL 60 语言（也称 A 语言）。ALGOL 60 是计算机发展史上的首批高级语言，更适用于数值计算。1963 年，剑桥大学将 ALGOL 60 语言发展成为 CPL（Combined Programming Language）语言。CPL 语言比 ALGOL 60 语言接近硬件，但规模比较大，实现困难。1967 年，剑桥大学的 Matin Richards 对 CPL 语言进行了简化，形成了 BCPL 语言。1970 年，美国贝尔实验室的 Ken Thompson 在 BCPL 语言的基础上做了进一步的简化，设计出了简单且更加接近硬件的 B 语言（取 BCPL 的第一个字母），并且采用该语言编写了第一个 UNIX 操作系统，并在 PDP−7 上实现。1973 年，贝尔实验室的 Dennis. M. Ritchie 在 B 语言的基础上设计出了 c 语言。c 语言既保持了 BCPL 和 B 语言的精练、接近硬件的优点，又克服了它们过于简单、无数据类型的缺点。开发 c 语言的目的在于尽可能降低它所写的软件对硬件平台的依赖程度，使之具有可移植性。同年，Ken Thompson 和 Dennis. M. Ritchie 合作把 UNIX 系统的 90％以上的代码用 c 语言重新编写，完成 UNIX 第 5 版。1977 年，D. M. Ritchie 发表了不依赖具体机器的 c 语言编译文本《可移植的 c 语言编译程序》，简化了 C 移植到其他机器上的工作，推动了 UNIX 操作系统在各种机器上的实现。随着 UNIX 的广泛使用，c 语言先后移植到大、中、小型机上，得以迅速推广，很快风靡全球，成为世界上应用最广泛的高级语言。

1978 年，Brian W. Kernighan 和 Dennis. M. Ritchie 联合撰写了影响深远的名著 *The C Programming Language*，成为第一个事实上的 c 语言标准。1983 年，美国国家标准化协

会（ANSI）成立了专门的委员会，根据当时存在的不同 c 语言版本进行改进和扩充，指定了 c 语言标准草案－83 ANSI C。1987 年 ANSI 又公布了新的标准－87 ANSI C。1989 年，ANSI 公布了更加完整的 c 语言标准－ANSI X3（也称 ANSI C 或 C89）。1990 年，国际标准化组织 ISO（International Standard －Organization）接受 C89 为 ISO C 的国际标准（ISO/IEC9899：1990）。1994 年和 1995 年，ISO 又先后修订了 c 语言标准，称为 1995 基准增补 1（ISO/IEC/9899/AMDl：1995）。1999 年，ISO 又对 c 语言标准进行了修订，在原有基础上，增加了 C＋＋中的一些功能，命名为 ISO/IEC9899：1999。2011 年 12 月 8 日，ISO 正式发布了 c 语言的新标准 C11，提高了对 C＋＋的兼容性，并加入对多线程的支持等功能，命名为 ISO/IEC 9899：2011。

在实际的使用中，目前不同公司对 c 语言编译系统的开发，并未完全实现最新的 c 语言标准，它们多以 C89 为基础开发。对于初学者所用到的编程知识都包含在 C89 范围内。

1.1.2　c 语言的特点

c 语言具有较强的生命力，与其他编程语言相比，有着自己独有的特点，其主要特点如下：

1. 语言简洁、结构清晰

c 语言一共有 32 个关键字，9 种控制语句，程序书写形式自由灵活。c 语言程序通常由多个函数组成，便于模块化和结构化编程，使得编写的程序结构清晰明了、可读性强。

2. 表达能力强

c 语言不仅提供了丰富的运算符和数据类型，还提供了强大的功能库。使得程序员可以快速、灵活地编写程序，精确地控制计算机按照自己的意愿工作。

3. 高效率的编译性语言

c 语言生成的目标代码质量高，运行速度快。对于较大的程序，源代码可以分别存放，单独编译后再链接在一起，形成可执行文件。

4. 可移植性好

采用 c 语言编写的程序基本上可以不做修改，直接运行于各种型号的计算机和各种操作系统之中。

5. 运算符和数据类型丰富

c 语言包含 34 种运算符，运算符种类丰富，表达式类型多样，使用灵活。

6. 语法限制少，设计自由度大

c 语言允许程序员有更大的自由度，编译时放宽了语法检查。例如，对数组下标越界不进行检查，整型量与字符型量可以通用等等。

7. 允许直接访问物理地址

c 语言既具有高级语言的功能，又具备低级语言的很多功能，使它既是通用的程序设计语言，又是系统描述语言。c 语言能够直接访问物理地址，还能够进行位运算，实现了汇编语言的大部分功能，可以直接对硬件进行操作。

1.2　最简单的 c 语言程序举例

C 程序到底是什么样子的？让我们一起来看几个简单的 C 程序，并尝试读懂这些程序的功能。

例 1.1　在屏幕上输出如下信息 "This is my first c program"。

```
♯include<stdio. h>      //＊编译预处理指令＊/
int main ()      //定义主函数
{      /＊函数的开始标志＊/
printf (" This is my first c program. \ n" );      /＊输出指定信息＊/
return 0：      /＊函数正常结束返回值为 0＊/
}      /＊函数的结束标志＊/
```

例 1.1 程序运行结果如图 1.1 所示，其中第 1 行 "This is my first c program. " 为程序运行后的结果。第 2 行为 Visual C＋＋ 6.0 编译系统在输出运行结果后自动输出的信息，即 "按任意键继续"，按下键盘上的任意键后，运行结果窗口消失。

图 1.1　例 1.1 的运行结果

例 1.2　求两个整数的和。

```
♯include<stdio. h>      //编译预处理指令
int main ()      //定义主函数，C 程序的开始
{      //函数的开始标志
int a, b, sum；      //声明 a, b, sum 均为整型变量
a＝222；      //将整数 222 放在变量 a 中存储
b＝333；      //将整数 333 放在变量 b 中存储
sum＝a＋b：      //将整数 a 和 b 的和放在变量 sum 中存储
printf (" sum is ％d \ n", sum)，      //输出 sum 的值
return 0；      //函数正常结束返回值为 0
}      //函数的结束标志
```

例 1.2 程序实现的功能是求两个整数的和，程序的运行结果如图 1.2 所示。

图 1.2　例 1.2 的运行结果

例 1.3 利用函数调用求两个数据的和。

```c
#include<stdio.h>      /* 文件包含预处理命令 */
void main0    /* 主函数 */
{
int add (int x，int y);      /* 对被调用函数 add 的声明 */
int a，b，sum;      /* 定义变量 a，b 和 sum */
printf (" Please input two number (like：3，5)：\ n"); /* 使用 printf () 函数打印输入提示 */
scanf ("%d,%d", &a, &b);      /* 使用 scanf () 函数对变量 a，b 赋值 */
sum=add (a, b);      /* 调用函数 add，并将函数返回值赋给 sum */
printf ("%d+%d=d\ n", a，b, sum);      /* 使用 printf () 函数输出结果 */
}
int add (int x，int y)      /* 定义函数 add，x、y 为形式参数 */
{
retum (x+y);      /* 将 x+y 的和返回，通过 add 带回到调用函数的位置 */
}
```

例 1.3 程序实现的功能是求从键盘上输入的两个整数之和，程序的运行结果如图 1.3 所示。

图 1.3　例 1.3 的运行结果

现在让我们一起来分析程序，以便对 C 程序有一个初步的了解。

C 程序是由函数构成的，一个 C 源程序虽然有且仅有一个 main () 函数，但可以包含多个其他函数，当然也可以没有其他函数，仅有一个 main () 函数。

例 1.3 程序是由一个 main () 函数和一个 add () 函数组成的 C 程序，我们将从每一行代码出发，探讨隐藏在代码背后的细节。

1. 文件包含预处理指令

#include <stdio. h>是一个 C 预处理指令，该行告诉编译器包含文件 stdio. h 中的全部信息，其作用相当于在程序中该行所在的位置键入了 stdio. h 的完整内容。stdio. h 文件是标准输入输出头文件（standard input/output header file），由 C 编译系统提供，它包含了有关输入和输出的函数（如 printf ()、scanf () 等）的信息以供编译器使用。在 c 语言中，将出现在文件项部的信息集合称为头（header），这些文件通常以 .h 作为扩展名。当然文件包含预处理指令也可以包含用户定义的其他文件，它的基本格式为：

#include<文件名>或者#include¨文件名¨

这两者之间的主要区别是：使用<>时，编译系统到存放 C 库函数头文件的目录中去寻找要包含的文件，而使用¨时系统先在用户当前目录中去寻找要包含的文件，若找不到再按照<＞的方式进行查找。

2. main（）函数

C 程序中必须有一个 main（）函数，它表示 C 程序中的主函数，C 程序的执行总是从该函数开始。如果在 main（）函数中调用了其他函数，调用结束后流程将返回到 main（）函数，在 main（）函数中结束整个程序的运行。

void 指明了 main（）函数的返回类型，由于 void 表示"空"，意味着 main（）函数的返回类型是"空"，即不返回任何类型的值。有时，也可用 int main（）声明 main（）函数，它表明 main（）函数的返回类型是整数。

3. 注释

在程序中，有很多诸如"/＊文件包含预处理＊/"这样的内容，通过阅读这些内容可以很好地帮助我们理解这个程序。包含在/＊＊/之间的部分就是程序注释，用于对程序代码进行说明，让我们更容易理解程序代码实现的功能，便于程序开发人员对代码进行更好的维护。在/＊和＊/之间的所有内容都将被编译器所忽略。在写程序注释的时候，可以单放一行或者是多行。下面是一个多行注释的例子。

/＊注释的第一行，

这一行仍然是注释。＊/

也可采用"//"加注释内容的方式进行单行注释。下面是一个单行注释的例子。

//注释到本行结束

4. 大括号与函数体

在例 1.3 程序中，不管是 mam 函数还是 add 函数都有一对大括号"｛…｝"，这对大括号划定了 main 函数和 add 函数的界限。在 c 语言中，所有的函数都使用大括号来表示函数的开始和结束，在大括号之间的部分，就是函数体。函数体由若干语句构成，这些语句描述了函数的功能。

在 c 语言中，大括号还有一个功能，用来把某些语句聚集成一个单元或代码块，这些单函数参数（形参）、参数类型。

一个函数名后面必须跟一对圆括号，函数参数可以有多个，也可以没有。函数体是紧跟函数首部下面的大括号内的部分，包括了实现函数特定功能的变量定义及若干执行语句。有时，函数体也可以没有变量定义和执行语句，只有一对大括号。

函数在被其他函数调用时，需要先声明。例如：在例 1.3 程序中，main（）函数中代码为：

int add（int x，int y）；

就是对被调函数 add 的一个声明。对函数的声明需与函数定义的函数名，形式参数的个数、类型和顺序都保持一致。当然，在函数声明的语句中，也可省略具体的形式参数的名字，只给出形式参数的类型。如：

int add（int，int）；

如果被调函数的定义出现在主调函数之前，则可以不加声明。因为编译系统已经知道了定义的被调函数，并根据函数定义的相关信息对函数的调用作出正确性检查。

5. 赋值

sum＝add（a，b）；这行程序除了调用函数外，还有一个赋值的功能，表示将 add 函数的返回值赋值给变量 sum。在该语句之前有一个定义变量的语句 int a，b，sum；，它表明在计算机内存中为变量 a、b 和 sum 分配存储空间，而这个赋值语句则将数值存放在变量 sum 的存储空间中。我们也可以根据需要修改 sum 的值，这正是将 sum 称为变量的原因。需要注意的是，赋值运算符"＝"的结合顺序自右向左，即将"＝"右边表达式的结果赋值给左边的变量。赋值语句后面的分号也是必不可少的，C 程序的每个语句后面都需要有一个分号。

练习题

一、填空题

1. 每个源程序有且只有一个____函数，系统总是从该函数开始执行 c 语言程序。

2. C 源程序的基本单位是_____。

3. 在一个 C 源程序中，注释部分两侧的分界符分别是____和____。

4. 在 c 语言中，输入操作是由库函数____完成的，输出操作是由库函数____完成的。

二、选择题

1. 下列说法中正确的是（　　）。

    A. c 语言程序由主函数和 0 个或多个函数组成

    B. c 语言程序由主程序和子程序组成

    C. c 语言程序由子程序组成

    D. c 语言程序由过程组成

2. 下列说法中正确的是（　　）。

    A. c 语言程序总是从第一个定义的函数开始执行

    B. 在 c 语言程序中，要调用的函数必须在 main（）函数中定义

    C. c 语言程序总是从 main（）函数开始执行

    D. c 语言程序中的 main（）函数必须放在程序的开始部分

3. 在 c 语言程序中，每个语句必须以（　　）结束。

    A. 回车符　　　B. 逗号　　　C. 冒号　　　D. 分号

4. c 语言源程序的扩展名为（　　）。

    A. .obj　　　B. .c　　　C. .exe　　　D. .cpp

三、编程题

1. 请编写一个 C 程序，输出以下信息：

    ＊

Hello，my first C program！

＊ ＊

2. 请编写一个C程序，从键盘上输入两个整数，求出这两个数的积，并将结果输出在屏幕上（提示：c语言中的乘法运算符是"＊"）。

第2章 c语言初步知识

2.1 简单c语言程序的构成和格式

为了了解 c 语言程序的构成和编写格式，下面先看一个简单的 C 程序例子。

例 2.1 求矩形的面积。

程序如下：

```
#include <stdio.h>
main ()
    {double a，b，area；
  a= 1.2；        /＊将矩形的两条边长分别赋给a和b＊/
  b=3.6；
  area=a＊b；      /＊计算矩形的面积并存储到变量 area 中＊/
printf ("a=%f, b=%f, area=%f \ n", a, b, area)；/＊输出矩形的两条边长和面积＊/
  }
```

执行以上程序后的输出结果如下：

a＝1. 200000，b＝3.600000，area＝4.320000

以上程序中，main 是主函数名，c 语言规定必须用 main 作为主函数名。其后的一对圆括号中间可以是空的，但这一对圆括号不能省略。程序中的 main （）是主函数的起始行，也是 C 程序执行的起始行。每一个可执行的 C 程序都必须有一个且只能有一个主函数。一个 C 程序中可以包含任意多个不同名的函数，但只能有一个主函数。一个 C 程序总是从主函数开始执行。

在函数的起始行后面用一对花括号 "｛｝" 括起来的部分为函数体。函数体内通常有定义（说明）部分和执行语句部分。以上程序中的 "double a，b，area；" 为程序的定义部分；从 "a=1.2；" 到 "printf ("a=%f, b=%f, area=%f \ n", a, b, area)；" 是程序的执行部分。执行部分的语句称为可执行语句，必须放在定义部分之后，语句的数量不限，程序中由这些语句向计算机系统发出操作指令。

定义语句用分号"；"结束。在以上程序中只有一个定义语句，该语句对程序中所用到的变量 a、b、area 进行定义，说明它们为 double 类型的变量。

程序中"a＝1.2;"和"b＝3.6;"的作用是分别给矩形的两条边赋值，"area＝a * b;"的作用是计算出矩形面积并赋给变量 area，"printf（¨a＝％f，b＝％f，area＝％f＼n¨，a，b，area)；"的作用是按格式把 a、b 和 area 的值输出到屏幕。C 程序中的每一条执行语句都必须用分号"；"结束，分号是 C 语句的一部分，不是语句之间的分隔符。

c 语言程序有比较自由的书写格式，但是过于"自由"的程序书写格式往往使人们很难读懂程序，初学者应该从一开始就养成良好的习惯，使编写的程序便于阅读。

在编写程序时可以在程序中加入注释，以说明变量的含义、语句的作用和程序段的功能，从而帮助人们阅读和理解程序。因此，一个好的程序应该有详细的注释。在添加注释时，注释内容必须放在符号"／＊"和"＊／"之间。"／＊"和"＊／"必须成对出现，"／"与"＊"之间不可以有空格。注释可以用英文，也可以用中文，可以出现在程序中任意合适的地方。注释部分只是用于阅读，对程序的运行不起作用。按语法规定，在注释之间不可以再嵌套"／＊"和"＊／"，如：

／＊／＊……＊／／这种形式是非法的。注意：注释从"／＊"开始到最近的一个"＊／"结束，其间的任何内容都被编译程序忽略。

程序中的"＃include ＜stdio.h＞"通常称为命令行，命令行必须用"＃"号开头，行尾不能加"；"号，它不是 C 程序中的语句。一对括号"＜"和"＞"之间的 stdio.h 是系统提供的头文件，该文件中包含着有关输入输出函数的说明信息。在程序中调用不同的标准库函数，应当包含相应的文件，以使程序含有所调用标准库函数的说明信息。至于应该调用哪个文件，将在以后的章节中陆续介绍。

2.2　标识符、常量和变量

2.2.1　标识符

在 c 语言中，有许多符号的命名，如变量名、函数名、数组名等，都必须遵守一定的规则，按此规则命名的符号称为标识符。合法标识符的命名规则是：标识符可以由字母、数字和下划线组成，并且第一个字符必须为字母或下划线。在 c 语言程序中，凡是要求标识符的地方都必须按此规则命名。以下都是合法的标识符：

area、PI、－ini、a＿array、s1234、PlOlp 以下都是非法的标识符：

456P、Cade－y、w．w、a&b

在 c 语言的标识符中，大写字母和小写字母被认为是两个不同的字符，例如 page 和 Page 是两个不同的标识符。

对于标识符的长度（即一个标识符允许的字符个数），c 语言编译系统是有规定的，即标识符的前若干个字符有效，超过的字符将不被识别。不同的 c 语言编译系统所规定的标识符有效长度可能会不同。有些系统允许取较长的名字，读者在取名时应当了解所用系统的具体规定。

c 语言的标识符可以分为以下三类。

1. 关键字

c 语言已经预先规定了一批标识符，它们在程序中都代表着固定的含义，不能另作他用，这些标识符称为关键字。例如，用来说明变量类型的标识符 int、double 以及 if 语句中的 if、else 等都已有专门的用途，它们不能再用作变量名或函数名。

2. 预定义标识符

所谓预定义标识符是指在 c 语言中预先定义并具有特定含义的标识符，如 c 语言提供的库函数的名字（如 printf）和预编译处理命令（如 define）等。c 语言允许把这类标识符重新定义另作他用，但这将使这些标识符失去预先定义的原意。鉴于目前各种计算机系统的 c 语言都一致把这类标识符作为固定的库函数名或预编译处理中的专门命令使用，因此为了避免误解，建议用户不要把这些预定义标识符另作他用。

3. 用户标识符

由用户根据需要定义的标识符称为用户标识符，又称自定义标识符。用户标识符一般用来给变量、函数、数组等命名。程序中使用的用户标识符除要遵守标识符命名规则外，还应注意做到"见名知义"，即选择具有一定含义的英文单词或汉语拼音作为标识符，如 number1、red、yellow、green、work 等，以增加程序的可读性。

如果用户标识符与关键字相同，则在对程序进行编译时系统将给出出错信息；如果用户标识符与预定义标识符相同，系统并不报错，只是该预定义标识符将失去原定含义，代之以用户确认的含义，这样有可能会引发一些运行时错误。

2. 2. 2　常量

所谓常量是指在程序运行过程中，其值不能被改变的量。在 c 语言中，有整型常量、实型常量、字符常量和字符串常量等类型。整型常量还可以进一步分为短整型常量、长整型常量等。

整型常量和实型常量又称数值型常量，它们有正值和负值的区分。基本整型常量只用数字表示，不带小数点，例如 12、－1、0 等。实型常量必须用带小数点的数表示，例如 3. 14159、－2. 71828、0. 0 等。'A' 和 'd' 则是字符型常量，而 "NCRE" 和 "Beijing" 是字符串常量。由此可见，常量的类型从字面形式上是可区分的，C 编译程序就是以此来确定常量类型的。

2.2.3 符号常量

在 c 语言程序中，可以用一个符号名来代表一个常量，称为符号常量。这个符号名必须在程序中进行特别的"指定"，并符合标识符的命名规则。

例 2.2 计算圆面积。

```
#include "stdio. h"
#define PI 3.14159/*定义符号名 PI 为 3.14159*/
main()
    {double r,s;
    r=5.0;
    s= PI*r*r;
    printf("s=%f\n",s);
}
```

执行以上程序后的输出结果如下：

s=78.539750

程序中用#define 命令行（注意：不是语句）定义 PI 代表一串字符 3.14159，在对程序进行编译时，凡本程序中出现 PI 的地方，编译程序均用 3.14159 来替换。为了使之比较醒目，这种符号名通常采用大写字母表示。用 define 进行定义时，必须用"≠≠"作为一行的开头，在#define 命令行的最后不得加分号。有关#define 命令行的作用，将在后续篇章中介绍。

2.2.4 变量

所谓变量是指在程序运行过程中其值可以改变的量。程序中用到的所有变量都必须有一个名字作为标识，变量的名字由用户定义，它必须符合标识符的命名规则。如例 2.1 中的 a、b 和 area 就是由用户定义的变量名。

一个变量实质上是代表了内存中的若干个存储单元。在程序中，变量 a 就是指用 a 命名的若干个存储单元，用户对变量 a 进行的操作就是对该存储单元进行的操作；给变量 a 赋值，实质上就是把数据存入该变量所代表的存储单元中。

c 语言规定，程序中所有变量都必须先定义后使用。对变量的定义通常放在函数体内的前部，但也可以放在函数的外部或复合语句的开头。

像常量一样，变量也有整型变量、实型变量、字符型变量等不同类型。在定义变量的同时要说明其类型，系统在编译时就能根据其类型为其分配相应的存储单元。

2.3 整型数据

2.3.1 整型常量

在 c 语言程序中，整型常量可以用十进制、八进制和十六进制等形式表示。

十进制基本常量用一串连续的数字表示，例如 3 2767、−32768、0 等。

八进制数也是用一串连续的数字表示，但其开头必须是数字 "0"。例如 010、011、016 等都是合法的八进制数，与之对应的十进制数为 8、9、14。因此，在 C 程序中不能在一个十进制数前随意添加数字 "0"。例如，不能把十进制数 11 写成 01 1。注意：八进制数必须用合法的八进制数字表示。例如，不能写成 018，因为数字 8 不是八进制数字。

十六进制数用数字 0 和字母 x（或大写字母 X）开头。例如 0x10、OXde、Oxf 等都是合法的十六进制数，与之对应的十进制数分别为 16、222、15。注意：十六进制数必须用合法的十六进制数字表示。十六进制数中的字母 a、b、c、d、e、f 既可以用小写也可以用大写。

在 C 程序中，只有十进制数可以是负数，而八进制和十六进制数只能是整数。

整型常量又有短整型（short int）、基本整型（int）、长整型（long int）和无符号型（unsigned）等不同类型。

2.3.2 整型变量

整型变量可以分为基本型、短整型、长整型和无符号型四种。本节只介绍基本型的整型变量。

基本型的整型变量用类型名关键字 int 进行定义，例如：

int k；　　/ * 定义 k 为整型变量 * /

一个定义语句必须以一个 ";" 号结束。在一个定义语句中也可以同时定义多个变量，变量之间用逗号隔开。例如：

int i，j，k；/ * 定义 i、j、k 为整型变量 * /

不同的编译系统为 int 变量开辟的内存单 '元大小不同。VC 为 int 变量开辟 4 个字节（32 个二进制位）的内存单元，并按整型数的存储方式存放数据，允许存放的数值范围是：−2147483648～2147483647。整型的变量只能存放整型数值。

当按上述方式定义变量 i、j 和 k 时，编译程序仅为 i、j 和 k 开辟存储单元，而没有在存储单元中存放任何初值，此时变量中的值是无意义的，称变量值 "无定义"。

c 语言规定，可以在定义变量的同时给变量赋初值，也称变量初始化。例如：

main （ ）

{int i＝1，j＝0，k＝2；　　/＊定义 i、j、k 为整型变量，它们的初值分别为 1、0 和 2＊/

　　……

　　}

2.3.3　整型数据的分类

前面介绍的 int 类型通常称为基本整型。除此之外，c 语言中整型数据还有其他三种类型：短整型（short int）、长整型（int 或 long int）、无符号型（unsigned）。若不指定变量为无符号型，则变量隐含为有符号型（signed）。

不同的编译系统或计算机系统对这几类整型数所占用的字节数有不同的规定。表 2.1 列出了在 VC 中定义的整型数所占用的字节数和数值范围。表中方括号内的单词可以省略，各单词排列的先后次序无关紧要。

在 VC 中可以在整型常量的后面加一个字母 l（L 的小写）或 L，例如：123L、345l、0L、123456L 等，这些常量在内存中占四个字节。

无论是短整型数还是长整型数，都被识别为有符号整数。无符号整数在数的末尾应该加上字母后缀 u 或 U，若是长整型无符号整型常量，则可以加后缀 lu 或 LU。短整型无符号常量的取值应在 0～65535 范围内，长整型无符号常量的取值在 0～4294967295 的范围内。注意：无符号常量不能表示成小于 0 的负数，例如：－200U 是不合法的。

表 2.1　VC 中定义的整型数所占字节数和数值范围

类型名称	占用的字节数	数值范围
［signed］int	4	－2147483648~2147483647
［signed］　short［int］	2	－32768～32767
［signed］　long［int］	4	－2147483648～2147483647
unsigned［int］	4	0～4294967295
unsigned short［int］	2	0～65535
unsigned long［int］	4	0～4294967295

2.3.4　整数在内存中的存储形式

计算机中，内存储器的最小存储单位称为"位（bit）"。由于只能存放 0 或 1，因此称为二进制位。大多数计算机把 8 个二进制位组成一个"字节（byte）"，并给每个字节分配一个地址。若干字节组成一个"字（word）"，用一个"字"来存放一条机器指令或一个数据。一个字含多少个字节随机器的不同而不同。如果一台计算机以两个字节（16 个二进制位）来存放一条机器指令，则称此计算机的字长为 16 位；如果以四个字节（32 个二进制位）来存放一条机器指令，则称此计算机的字长为 32 位。

通常把一个字节中的最右边一位称为最低位，最左边一位称为最高位。对于一个有符号整数，其中最高位（最左边的一位）用来存放整数的符号，称为符号位。若是正整数，最高位放置 0；若是负整数，最高位放置 1。

1. 正整数

当用两个字节存放一个 short 类型正整数时，例如正整数 5，其在内存中的二进制码为：

$$0000000000000101$$

对于正整数的这种存储形式称为用"原码"形式存放。因此用两个字节存放 short 类型的最大正整数是：

$$0111111111111111$$

它的值为 32767。为简单起见，若一个字节能够正确表示一个整数时，本书则用一个字节表示。

2. 负 数

（1）负整数在内存中是以"补码"形式存放的。

取某个二进制数的补码，例如 10000101（十进制数 -5）的补码，步骤如下：

①求原码的反码。把原码除符号位之外的二进制码按位取反，即把 1 变成 0，0 变成 1，即得到该原码的反码。例如 10000101 的反码为 11111010。

②把所得的反码加 1，即得到原码的补码。因此 11111010 加 1 得 11111011，这就是 -5 在内存中的二进制码。若用两个字节表示，即为：

$$1111111111111011$$

（2）把内存中以补码形式存放的二进制码转化成十进制的负整数，步骤如下：

①先对除符号位之外的各位取反。例如有补码 11111010，取反后为 10000101。

②将所得二进制数转换成十进制数。例如，10000101 的十进制数为 -5。

③对所求得的数再减 1，即为 -6。

通过以上分析可知，由两个字节存放的最小整数是 1000000000000000，它对应的十进制数为 -32768，而 -1 在内存中存放的二进制码为 1111111111111111。

3. 无符号整数

用两个字节存放一个整数时，若说明为无符号整数，则最高位不再用来存放整数的符号，16 个二进制位全部用来存放整数，因此无符号整数不可能是负数。这时，若内存中存放的 16 个二进制位全部为 1，则它所代表的整数就不再是 -1，而是 65535。

2.4 实型数据

2.4.1 实型常量

实型常量又称实数或浮点数。在 c 语言中可以用两种形式表示一个实型常量。

1. 小数形式

小数形式是由数字和小数点组成的一种实数表示形式，例如 0.123、.123、123.、0.0 等都是合法的实型常量。注意：小数形式表示的实型常量必须要有小数点。

2. 指数形式

这种形式类似数学中的指数形式。在数学中，一个数可以用幂的形式来表示，如 2.3026 可以表示为 0.23026×10^1、2.3026×10^0、23.026×10^{-1} 等形式。在 c 语言中，则以 "e" 或 "E" 后跟一个整数来表示以 10 为底的幂数。2.3026 可以表示为 0.23026E1、2.3026e0、23.026e−1。c 语言的语法规定，字母 e 或 E 之前必须要有数字，且 e 或 E 后面的指数必须为整数。如 e3、.5e3.6、.e3、e 等都是非法的指数形式。注意：在字母 e 或 E 的前后以及数字之间不得插入空格。

2.4.2　实型变量

c 语言中实型变量分为单精度型和双精度型两种，分别用类型名 float 和 double 进行定义。单精度型变量定义的形式如下：

$$float\ a，b，c;$$

双精度型变量定义的形式如下：

$$double\ x，y，z;$$

在一般计算机系统中，为 float 类型的变量分配 4 个字节的存储单元，为 double 类型的变量分配 8 个字节的存储单元，并按实型数的存储方式存放数据 c 实型的变量只能存放实型数，不能用整型变量存放一个实数，也不能用实型变量存放一个整数。

在 VC 中单精度实数（float 类型）的数值范围是 $-10^{38} \sim 10^{38}$，并提供 7 位有效数字位；绝对值小于 10^{-38} 的数被处理成零值。双精度实数（double 类型）的数值范围约在 $-10^{308} \sim 10^{308}$ 之间，并提供 $15 \sim 16$ 位有效数字位，具体精确到多少位与机器有关；绝对值小于 10^{-308} 的数被处理成零值。因此 double 型变量中存放的数据要比 float 型变量中存放的数据精确得多。注意，在 VC 中，所有的 float 类型数据在运算中都自动转换成 double 型数据。

前面已经介绍过，在程序中一个实数可以用小数形式表示，也可以用指数形式表示。但在内存中，实数一律是以指数形式存放的。

注意：在计算机中可以精确地存放一个整数，不会出现误差，但整型数值的数值范围比实数小。实型数的数值范围较整型大，但往往存在误差。

2.5　算术表达式

2.5.1　基本的算术运算符

在 c 语言中，基本的算术运算符是：＋、－、＊、/、％，分别为加、减、乘、除、求余运算符。这些运算符需要两个运算对象，称为双目运算符。除求余运算符％外，运算对象可以是整型，也可以是实型。如1+2、1.2*3.2。

余运算符的运算对象只能是整型。在％运算符左侧的运算数为被除数，右侧的运算数为除数，运算结果是两数相除后所得的余数。当运算数为负数时，所得结果的符号随机器的不同而不同。

"+"和"−"也可用作单目运算符，运算符必须出现在运算数的左边。运算数可为整型，也可为实型。如：−54、+3.9。

说明：

（1）如果双目运算符两边运算数的类型一致，则所得结果的类型与运算数的类型一致。例如：1.0/2.0，其运算结果为0.5；1/2，其运算结果为0。

（2）如果双目运算符两边运算数的类型不一致，系统将自动进行类型转换，使运算符两边的类型达到一致后，再进行运算。

（3）在c语言中，所有实型数的运算均以双精度方式进行。若是单精度数，则在尾数部分添0，使之转化为双精度数。

2.5.2　运算符的优先级、结合性和算术表达式

在c语言中，常量、变量、函数调用以及按c语言语法规则用运算符把运算数连起来的式子都是合法的表达式。凡是表达式都有一个值，即运算结果。

1. 算术运算符的优先级

算术运算符和圆括号的优先级高低次序如图2.1所示：

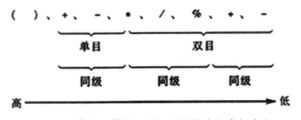

图2.1　算术运算符和圆括号的优先级高低次序

2. 术运算符和圆括号的结合性

以上所列的运算符中，只有单目运算符"+"和"−"的结合性是从右到左的，其余运算符的结合性都是从左到右。

例如：表达式（5+1）/2的运算结果是3，圆括号的优先级高于除号；表达式5+1/2的运算结果是5，除号的优先级高于加号；表达式5*−2的运算结果是−10，单目运算符"−"的优先级高于乘号，这个表达式与5*（−2）等价。

3. 算术表达式

用算术运算符和一对圆括号将运算数（或称操作数）连接起来的、符合c语言语法的表达式称为算术表达式。

算术表达式中，运算对象可以是常量、变量和函数等。例如：2＋sqrt（c）＊b。

在计算机语言中，算术表达式的求值规律与数学中四则运算的规律类似，其运算规则和要求如下：

（1）在算术表达式中，可使用多层圆括号，但左右括号必须配对。运算时从内层圆括号开始，由内向外依次计算表达式的值。

（2）在算术表达式中，若包含不同优先级的运算符，则按运算符的优先级由高到低进行；若表达式中运算符的级别相同，则按运算符的结合方向进行。例如表达式 a＋b－c，因为＋号和－号的优先级相同，它们的结合性为从左到右，因此先计算 a＋b，然后把所得结果减去 c 的值。

2.5.3　强制类型转换表达式

强制类型转换表达式的形式如下：

（类型名）（表达式）

上述形式中，（类型名）称为强制类型转换运算符，利用强制类型转换运算符可以将一个表达式的值转换成指定的类型，这种转换是根据人为要求进行的。例如：表达式（int）3.234 把 3.234 转换成整数 3；表达式（double）（10％3）把 10％3 所得结果 1 转换成双精度数。

2.6　赋值表达式

2.6.1　赋值运算符和赋值表达式

在 c 语言中，赋值号"＝"是一个运算符，称为赋值运算符。由赋值运算符组成的表达式称为赋值表达式，其形式如下：

变量名＝表达式

赋值号的左边必须是一个代表某一存储单元的变量名，对于初学者来说，只要记住赋值号左边必须是变量名即可。赋值号的右边必须是 c 语言中合法的表达式。赋值运算的功能是先求出右边表达式的值，然后把此值赋给赋值号左边的变量，确切地说，是把数据存入以该变量为标识的存储单元中去。例如，a 和 b 都被定义成 int 类型变量：

a＝10；　　　/＊把常量 10 赋给变量 a＊/

b＝a；　　　/＊把 a 中的值赋给变量 b，a 中的值不变＊/

在程序中可以多次给一个变量赋值，每赋一次值，与它相应的存储单元中的数据就被更新一次，内存中当前的数据就是最后一次所赋的那个数据。

说明：

（1）赋值运算符的优先级别只高于逗号运算符，比任何其他运算符的优先级都低，且具有自右向左的结合性。因此，对于如下的表达式：

a＝2＋7/3 由于所有其他运算符的优先级都比赋值运算符高，所以先计算赋值运算符右边表达式的值，再把此值赋给变量 a。

（2）赋值运算符不同于数学中的"等于号"，这里不是等同的关系，而是进行"赋予"的操作。

（3）赋值表达式 x＝y 的作用是，将变量 y 所代表的存储单元中的内容赋给变量 x 所代表的存储单元，x 中原有的数据被替换掉。赋值后，变量 y 中的内容保持不变。此表达式应当读作"把右边变量的值赋给左边变量"，而不应读作"x 等于 y"。

（4）在赋值表达式 x＝x 中，虽然赋值运算符两边的运算对象都是 x，但出现在赋值号左边和右边的 x 具有不同的含义。赋值号右边的 x 表示变量 x 所代表的存储单元中的值。赋值号左边的 x 代表以 x 为标识的存储单元。该表达式的含义是取变量 x 中的值放到变量 x 中去。当然，这一操作并无实际意义。

表达式 n＝n＋1 也是合法的赋值表达式，其作用是取变量 n 中的值加 1 后再放回到变量 n 中，即使变量 n 中的值增 1。

（5）赋值运算符的左侧只能是变量，不能是常量或表达式。a＋b＝c 就是非法的赋值表达式。

（6）等号右边的表达式也可以是一个赋值表达式。如 a＝b＝7＋1，按照运算符的优先级，将首先计算出 7＋1 的值 8，然后按照赋值运算符自右向左的结合性，把 8 赋给变量 b，最后再把变量 b 的值赋给变量 a。而表达式 a＝7＋1＝b 则是不合法的，因为在 7＋1＝b 中，在赋值号的左边不是一个变量。

（7）在 c 语言中，"＝"号被视为一个运算符，a＝19 是一个表达式，而表达式应该有一个值，c 语言规定最左边变量中所得到的新值就是赋值表达式的值。

（8）c 语言的赋值表达式可以作为语句中的某个成分出现在众多的语句或表达式中，从而使变量中的数值变化过程变得难于掌握。因此要求读者在学习过程中建立正确的概念，才能准确掌握赋值表达式的运算规律。

2.6.2　复合赋值表达式

在赋值运算符之前加上其他运算符可以构成复合赋值运算符。c 语言规定可以使用 10 种复合赋值运算符，其中与算术运算有关的复合赋值运算符有：＋＝、－＝、＊＝、/＝、％＝（注意：两个符号之间不可以有空格）。复合赋值运算符的优先级与赋值运算符的优先级相同。表达式 n＋＝1 的运算规则等价于 n＝n＋1，表达式 n＊＝m＋3 的运算规则等价于 n＝n＊（m＋3），因为运算符"＋"的优先级高于复合赋值运算符"＊＝"。其他以此类推。

例 2.3　已有变量 a，其值为 9，计算表达式 a＋＝a－＝a＋a 的值。

因为赋值运算符与复合赋值运算符"－＝"和"＋＝"的优先级相同，且运算方向自右至左，所以：

（1）先计算"a＋a"，因 a 的初值为 9，所以该表达式的值为 18，注意 a 的值未变。

（2）再计算"a－＝18"，此式相当于"a＝a－18"，因 a 的值仍为 9，所以表达式的值为－9，注意 a 的值已为－9。

（3）最后计算"a＋＝－9"，此式相当于"a＝a＋（－9）"，因 a 的值此时已是－9，所以表达式的值为－18。

由此可知，表达式 a＋＝a－＝a＋a 的值是－18。

2.6.3　赋值运算中的类型转换

在赋值运算中，只有在赋值号右侧表达式的类型与左侧变量类型完全一致时，赋值操作才能进行。如果赋值运算符两侧的数据类型不一致，在赋值前，系统将自动先把右侧表达式求得的数值按赋值号左边变量的类型进行转换，也可以用强制类型转换的方式人为地进行转换后将值赋给赋值号左边的变量。这种转换仅限于数值数据之间，通常称为"赋值兼容"。对于另外一些数据，例如后面将要讨论的地址值就不能赋给一般的变量，称为"赋值不兼容"。

在这里，特别需要指出的是在进行混合运算时整型数据类型之间的转换问题。

在 c 语言的表达式（不包括赋值表达式）中，如果运算符两边的整数类型不相同，将进行类型之间的转换。转换规则如下：

（1）若运算符两边一个是短整型，一个是长整型，则将短整型转换为长整型，然后进行运算。

（2）若运算符两边一个是有符号整型，一个是无符号整型，则将有符号整型转换成无符号整形，然后进行运算。

在 c 语言的赋值表达式中，赋值号右边的值先转换成与赋值号左边的变量相同的类型，然后进行赋值。应当注意：

（1）当赋值号左边的变量为短整型，右边的值为长整型时，短整型变量只能接受长整型数低位上两个字节中的数据，高位上两个字节中的数据将丢失。也就是说，右边的值不能超出短整型的数值范围，否则将得不到预期的结果。例如，若有以下定义和语句：

short a；
unsigned long b；
b＝98304；a＝b；
printf（"%d \ n"，a）；

则 a 中的值为－32768。因为 9 8 3 04（二进制数 11000000000000000）已经超出短整型的数值范围（－32768～32767），a 截取 b 中低 16 位中的值（二进制数 1000000000000000），由于最高位为 1，因此 a 中的值为－32768。

（2）当赋值号左边的变量为无符号整型，右边的值为有符号整型时，则把内存中的内容原样复制。右边数值的范围不应超出左边变量可以接受的数值范围。同时需要注意，这时负数将转换为正数。例如，变量 a 被说明为 unsigned 类型，在进行了 a＝－1 的赋值操作后，将使 a 中的值为 65535。

（3）当赋值号左边的变量为有符号整型，右边的值为无符号整型时，复制的机制同上。这时若符号位为 1，将按负数处理。

2.7 自加、自减运算符和逗号运算符

2.7.1 自加运算符"＋＋"和自减运算符"－－"

（1）自加运算符"＋＋"和自减运算符"－－"的运算结果是使运算对象的值增 1 或减 1。如 i＋＋，相当于 i＝i+1；i－－，相当于 i＝i-1。因此，自加或自减运算本身也是一种赋值运算。

（2）运算符"＋"和"－"是单目运算符，运算对象可以是整型变量也可以是实型变量，但不能是常量或表达式，因为不能给常量或表达式赋值。因此，如＋＋3、（i+j）－－等都是不合法的。

（3）用自加或自减运算符构成表达式时，既可以前缀形式出现，也可以后缀形式出现。例如：＋＋i、－－i、i＋＋、i－－等都是合法的表达式。无论是作为前缀运算符还是作为后缀运算符，对于变量本身来说自增 1 或自减 1 都具有相同的效果，但作为表达式来说却有着不同的值。例如，若变量 i 为 int 类型，且已有值为 5。若表达式为＋＋i，则先进行 i 增 1 运算，i 的值为 6，表达式的值也为 6；若表达式为－－i，则先进行 i 减 1 运算，i 的值为 4，表达式的值也为 4；若表达式为 i＋＋，则表达式先取 i 的值为 5，然后 i 进行增 1 运算，使 i 中的值为 6；若表达式为 i－－，则表达式先取 i 的值为 5，然后 i 进行减 1 运算，使 i 中的值为 4。

（4）运算符"＋＋"和"－－"的结合方向是"自右至左"。

例如有一表达式－i＋＋，其中 i 的原值为 3。由于负号运算符与自加运算符的优先级相同，结合方向是"自右至左"，即相当于对表达式－（i＋＋）进行运算，此时自加运算符"＋＋"为后缀运算符，（i＋＋）的值为 3，因此－（i＋＋）的值为－3，然后 i 自增为 4。

（5）不要在一个表达式中对同一个变量进行多次诸如 i＋＋或＋＋i 等运算，例如写成：i＋＋ * ＋＋i+i－－ * －－i，这种表达式不仅可读性差，而且不同的编译系统对这样的表达式将做不同的解释，进行不同的处理，因而所得结果也各不相同。

2.7.2 逗号运算符和逗号表达式

"，"是 c 语言提供的一种特殊运算符，用逗号将表达式连接起来的式子称为逗号表达式。逗号表达式的一般形式为：

表达式 1，表达式 2，…，表达式 n

说明：

（1）逗号运算符的结合性为从左到右，因此逗号表达式将从左到右进行运算。即先计算表达式 1，然后计算表达式 2，依次进行，最后计算表达式 n。最后一个表达式的值就是此逗号表达式的值。例如：（i＝3，i++，++i，i+5）这个逗号表达式的值是 10，i 的值为 5。

（2）在所有运算符中，逗号运算符的优先级最低。

练习题

一、选择题

1. 以下选项中正确的整型常量是（　　）

　　A. 12.　　　B. −20　　　C. 1，000　　　D. 456

2. 以下选项中正确的实型常量是（　　）

　　A. 0　　　B. 3.1415　　C. 0.329×102　D. .871

3. 以下选项中不正确的实型常量是（　　）

　　A. 2.607E−B.10.8103e2C. −77.77　　D. 456e−2

4. 以下选项中不合法的用户标识符是（　　）

　　A. abc.c　B. file　　　C. Main　　　D. PRINTF

5. 以下选项中不合法的用户标识符是（　　）

　　A. _123　　　　　B. printf

　　C. A$　　　　　　D. Dim

6. c 语言中运算对象必须是整型的运算符是（　　）

　　A. %　　B. /　　　C. !　　　　D. **

7. 可在 C 程序中用作用户标识符的一组标识符是（　　）

　　A. void define WORDB. as_b3　_123　If

　　C. For −abc　case D. 2c　　DO　　SIG

8. 若变量已正确定义并赋值，符合 c 语言语法的表达式是（　　）

　　A. a＝a+7;　　　　B. a＝7+b+c，a++

C. int （ 12. 3％4)   D. a＝a＋7＝c＋b

9. 以下叙述中正确的是 （   ）

    A. a 是实型变量，C 允许进行赋值 a＝10，但不可以这样说：实型变量中允许存放
      整型值

    B. 在赋值表达式中，赋值号左边既可以是变量也可以是任意表达式

    C. 执行表达式 a＝b 后，在内存中 a 和 b 存储单元中的原有值都将被改变，a 的值
      已由原值改变为 b 的值，b 的值由原值变为 0

    D. 已有 a＝3，b＝5，当执行了表达式 a＝b，b＝a 之后，使 a 中的值为 5，b 中的
      值为 3

二、填空题

1. 若 k 为 int 型变量且赋值 11。请写出运算 k＋＋后表达式的值 （   ） 和变量 k 的
   值 （   ）。

2. 若 x 为 double 型变量，请写出运算 x＝ 3.2，＋＋x 后表达式的值 （   ） 和变量
   x 的值 （   ）。

3. 函数体由符号 （   ） 开始，到符号 （   ） 结束。函数体内的前面是 （   ）
   部分，后面是 （   ） 部分。

4. c 语言中的标识符可分为 （   ）、（   ） 和预定义标识符三类。

5. 在 c 语言程序中，用关键字 （   ） 定义基本整型变量，用关键字 （   ） 定义单
   精度实型变量，用关键字 （   ） 定义双精度实型变量。

6. 把 a1、a2 定义成双精度实型变量，并赋初值 1 的定义语句是 （   ）。

三、上机改错题

1. 请指出以下 C 程序的错误所在：

```
＃include   stdio. h；
main （）；       / * main function * /
    float r， s；       / * / r is radius * /， / *   s is area of circular * / * /
    r＝5.0；
    S＝3. 14159 * r * r；
    printf （¨％f＼n¨， s）
```

2. 请指出以下 C 程序的错误所在：

```
main    / *   main function   * /
    ｛ float a， b， c  ， v；    / *   a， b， c are sides， v is volume of cube   * /
    a＝ 2.0； b＝3.0； c＝4.0
    v＝a * b * c；
    printf （¨％f＼n"， v）
    ｝
```

第3章 顺序结构

3.1 赋值语句

在赋值表达式的尾部加上一个";"号，就构成了赋值语句，也称表达式语句。例如 a＝b＋c 是赋值表达式，a＝b＋c；则是，赋值语句。"i＋＋;""－－;""a＝b＝c;""a＝b，b＝c;"等也是赋值语句。赋值语句是一种可执行语句，应当出现在函数的可执行部分。但需要注意，不要把变量定义时的赋初值和赋值语句混为一谈。

c语言中可由形式多样的赋值表达式构成赋值语句，用法灵活，因此读者首先应当掌握好赋值表达式的运算规律才能写出正确的赋值语句。

3.2 数据输出

把数据从计算机内部送到计算机外部设备上的操作称为"输出"。例如把计算机运算结果显示在屏幕上或打印在纸上，或者送到磁盘上保存起来。从计算机外部设备将数据送入计算机内部的操作称为"输入"。

c语言本身并没有提供输入输出语句，但可以通过调用标准库函数中提供的输入和输出函数来实现输入和输出。c语言提供了丰富的用于输入和输出的库函数。在 VC 环境下，在调用输入和输出的库函数之前要求在源程序中出现包含头文件 stdio. h 的命令行：

$$\sharp include <stdio. h>$$

3.2.1　printf 函数的一般调用形式

printf 函数是 c 语言提供的标准输出函数，用来在终端设备上按指定格式进行输出。

printf 函数的调用形式如下：

　　　printf（格式控制，输出项 1，输出项 2，…）格式控制是字符串形式。

在 printf 函数调用之后加上 "；"，则构成输出语句。例如：

printf（" a＝%d, b＝%d¨, a, b); 以上输出语句中，printf 是函数名，用双引号括起来的字符串部分" a＝%d, b＝%d¨是输出格式控制，决定了输出数据的内容和格式。a, b 称为输出项，是 printf 函数的实参。

printf 函数中格式控制的作用是：

1. 给输出项提供输出格式说明

输出格式说明的作用是将要输出的数据按照指定的格式输出。格式说明由 "%" 符号和紧跟在其后的格式描述符组成。当输出项为 int 类型时，用 d 作为格式描述字符，其形式为%d；当输出项为 float 或 double 类型时，用 f 或 e 作为格式描述字符，其形式为%f 或%e（对于 double 类型也可用%lf 或%le）。

2. 提供需要原样输出的文字或字符

除了格式转换说明外，字符串中的其他字符（包括空格）将按原样输出。例如，上例中的 "a＝%d, b＝%d"，其中的 "a＝""," 和 "b＝" 都将原样输出，这样使得输出结果更具有可读性。若 a、b 的值分别为 3 和 4，则上例的 printf 输出的结果是：a＝3，b＝4。

printf 的各输出项之间要用逗号隔开（函数的各个参数之间必须用逗号隔开）。输出项可以是任意合法的常量、变量或表达式。printf 可以没有输出项，函数的调用形式将为 printf（格式控制），输出结果就是格式控制中的固定字符串。比如：printf（¨OK! ¨）；将输出字符串：OK!。

对于 printf 函数的调用形式，请见下面的程序示例：

```
＃include ＜stdio. h＞
main （）
{　int i＝ 2518；
double a＝3.1415；
printf （" i＝%d, a＝%f, a＊10＝%e \ n¨, i, a, a＊10)；
}
```

运行后的输出结果为：

i＝ 2518，a＝3.141500，a＊10＝3.141500e＋01

在以上 printf 的输出格式控制中，"i＝" 按原样输出，在%d 的位置上输出变量 i 的值，接着输出一个逗号和 "a＝"，在%f 的位置上输出变量 a 的值，又输出一个逗号和 "a＊10＝"，在%e 的位置上输出表达式 a＊10 的值，最后的 \ n 是 c 语言中特定的转义字符 "回车换行"，使得屏幕光标或打印机针头移到下一行的开头。

3.2.2　printf 函数中常用的格式说明

格式控制中，每个格式说明都必须"％"开头，以一个格式字符作为结束，在此之间可以根据需要插入"宽度说明"、左对齐符号"—"、前导零符号"0"。

1. 格式字符

％后允许使用的格式字符和它们的功能如表 3.1 所示。在某些系统中，可能不允许使用大写字母的格式字符，因此为了使程序具有通用性，在写程序时应尽量不用大写字母的格式字符。

表 3.1　％后允许使用的格式字符和它们的功能

格式字符	说　明
c	输出一个字符
d 或 i	输出带符号的十进制整型数。％ld 为长整型（16 位编译器上必须使用），％hd 为短整型，　％I64d 为 64 位长整数（VC++4.0 以上版本输出 _int64 类型的整数）
0	以八进制格式输出整型数。％o 不带先导 0，例如十进制数、o 输出为 17；％♯o 加先导 0，例如十进制数 15 用％♯o 输出为 017
x 或 X	以十六进制格式输出整型数。％x 或％X 带先导 0x 或 0X，例如十进制数 2622 用％x 数据格式输出为 a3e，用％X 数据格式输出为 A3E；％♯x 或％♯X 输出带先导 0x 或 0X 的十六进制数，例如十进制数 2622 用％♯x 数据格式输出为 0xa3e，而用％♯X 数据格式输出为 0XA3E
u	以无符号十进制形式输出整型数
f	以带小数点的数学形式输出浮点数（单精度和双精度数）
e 或 E	以指数形式输出浮点数（单精度和双精度数），格式是：　[—] m.dddddde＋xxx 或 [—] m.ddddddE＋xxx。小数位数（d 的个数）由输出精度决定，隐含的精度是 6。若指定的精度为 0，则包括小数点在内的小数部分都不输出。XXX 为指数，保持 3 位，不足补 0。若指数为 0，输出指数是 000
g 或 G	由系统决定采用％f 格式还是采用％e（或％E）格式输出，以使输出宽度最小
s	输出一个字符串，直到遇到"＼0"。若字符串长度超过指定的精度则自动突破，不会截断字符串
p	输出变量的内存地址
％	也就是％％形式，输出一个％

2. 长度修饰符

在％和格式字符之间，可以加入长度修饰符，以保证数据输出格式的正确和对齐。对于长整型数（long）应该加 l，即％ld；对于短整型数（short）可以加 h，即％hd。

3. 输出数据所占的宽度说明

当使用％d、％c、％f、％e、％s、…的格式说明时，输出数据所占的宽度（域宽）由系统决定，通常按照数据本身的实际宽度输出，前后不加空格，并采用右对齐的形式。也可以用以下三种方法人为控制输出数据所占的宽度（域宽），按照使用者的意愿进行输出。

（1）在％和格式字符之间插入一个整数常数来指定输出的宽度 n（例如％4d，n 代表整数 4）。如果指定的宽度 n 不够，输出时将会自动突破，保证数据完整输出。如果指定的宽度 n 超过输出数据的实际宽度，输出时将会右对齐，左边补以空格，达到指定的宽度。

（2）对于 float 和 double 类型的实数，可以用"n1. n2"的形式来指定输出宽度（n1 和 n2 分别代表一个整常数），其中 n1 指定输出数据的宽度（包括小数点），n2 指定小数点后小数位的位数，n2 也称为精度（例如％12.4f，n1 代表整数 12，n2 代表整数 4）。

对于 f、e 或 E，当输出数据的小数位多于 n2 位时，截去右边多余的小数，并对截去部分的第一位小数做四舍五入处理；当输出数据的小数位少于 n2 时，在小数的最右边补 0，使得输出数据的小数部分宽度为 n2 0 若给出的总宽度 nl 小于 n2 加上整数位数和小数点（e 或 E 格式还要加上指数的 5 位），则自动突破 n1 的限制；反之，数字右对齐，左边补空格。

也可以用". n2"格式（例如％.6f），不指定总宽度，仅指定小数部分的输出位数，由系统自动突破，按照实际宽度输出。如果指定"n1.0"或".0"格式（例如％12.0f 或％.0f），则不输出小数点和小数部分。

对于 g 或 G，宽度用来指定输出的有效数字位数。若宽度超过数字的有效数字位数，则左边自动补 0；若宽度不足，则自动突破。不指定宽度，将自动按照 6 位有效数字输出，截去右边多余的小数，并对截去部分的第一位小数做四舍五入处理。

（3）对于整型数，若输出格式是"0n1"或". n2"格式（例如％05d 或％.5d），则如果指定的宽度超过输出数据的实际宽度，输出时将会右对齐，左边补 0。

对于 float 和 double 类型的实数，若用"0n1. n2"格式输出（例如％012.4f），如果给出的总宽度 nl 大于 n2 加上整数位数和小数点（e 或 E 格式还要加上指数的 5 位），则数字右对齐，左边补 0。

对于字符串，格式"n1"指定字符串的输出宽度，若 n1 小于字符串的实际长度，则自动突破，输出整个字符串；若 n1 大于字符串的实际长度，则右对齐，左边补空格。若用". n2"格式指定字符串的输出宽度，则若 n2 小于字符串的实际长度，将只输出字符串的前 n2 个字符。

注意：输出数据的实际精度并不完全取决于格式控制中的域宽和小数的域宽，而是取决于数据在计算机内的存储精度。通常系统只能保证 float 类型有 7 位有效数字，double 类型有 15 位有效数字。若你指定的域宽和小数的域宽超过相应类型数据的有效数字，输出的多余数字是没有意义的，只是系统用来填充域宽而已。

4. 输出数据左对齐

由于输出数据都隐含右对齐，如果想左对齐，可以在格式控制中的"％"和宽度之间加一个"—"号来实现。

5. 使输出数据总带＋号或－号

通常输出的数据如果是负数，前面有符号"—"，但正数前面的"＋"一般省略了。如果要每一个数前面都带正负号，可以在"％"和格式字符间加一个"＋"号来实现。

表 3.2 列举了各种输出宽度和不指定宽度情况下的输出结果（表中输出结果中的符号 j 代表一个空格），其中 k 为 int 型，值为 1234；f 为 float 型，值为 123.456。

表 3.2　各种输出格式下的输出结果

输出语句	输出结果
printf（"%d\n"，k）；	1234
printf（"%6d\n"，k）；	jj1234
printf（"%2d\n"，k）；	1234
printf（"%f\n"，f）；	123.456
printf（"%12f\n"，f）；	jj123.456000
printf（"%12.6f\n"，f）；	jj123.456000
printf（"%2.6f\n"，f）；	123.456000
printf（"%.6f\n"，f）；	123.456000
printf（"%12.2f\n"，f）；	jjjjjj123.46
printf（"%12.0f\n"，f）；	jjjjjjjjj123
printf（"%.f\n"，f）；	123
printf（"%e\n"，f）；	1.234560e+002
printf（"%13e\n"，f）；	1.234560e+002
printf（"%13.8e\n"，f）；	1.23456000e+002
printf（"%3.8e\n"，f）；	1.23456000e+002
printf（"%.8e\n"，f）；	1.23456000e+002
printf（"%13.2e\n"，f）；	jjjj1.23e+002
printf（"%13.0e\n"，f）；	jjjjjjj1e+002
printf（"%.0e\n"，f）；	1.00E+02
printf（"%g\n"，f）；	123.456
printf（"%5g\n"，f）；	123.456
printf（"%10g\n"，f）；	jjj123.456
printf（"%g\n"，123.456789）；	123.457
printf（"%06d\n"，k）；	1234
printf（"%.6d\n"，k）；	1234
printf（"%012.6f\n"，f）；	00123.456000
printf（"%013.2e\n"，f）；	00001.23e+002
printf（"%s\n"，"abcdefg"）；	abcdefg
printf（"%10s\n"，"abcdefg"）；	jjjabcdefg
printf（"%5s\n"，"abcdefg"）；	abcdefg
printf（"%.5s\n"，"abcdefg"）；	abcde
printf（"%−6d\n"，k）；	1234jj
printf（"%−12.2f\n"，f）；	123.46jjjjjj
printf（"%−13.2e\n"，f）；	1.23e+002jjjj
printf（"%+−6d%+−12.2f\n"，k，−f）；	+1234−123.46jjjjjj
printf（"%f%%\n"，12.5）；	12.500000%

3.2.3　使用 printf 函数时的注意事项

（1）printf 的输出格式为自由格式，是否在两个数之间留逗号、空格或回车，完全取决于格式控制，如果不注意，很容易造成数字连在一起，使得输出结果没有意义。例如：若 k＝1234，f＝123.456，则 printf（"%d%d%f\n"，k，k，f）；语句的输出结果是：12341234123.456，无法分辨其中的数字含义。而如果改为 printf（"%d %d %f\n"，k，k，f）；其输出结果是：1234 1234 123.456，看起来就一目了然了。

（2）格式控制中必须含有与输出项一一对应的输出格式说明，类型必须匹配。若格式说明与输出项的类型不一一对应匹配，则不能正确输出，而且编译时不会报错。若格式说明个数少于输出项个数，则多余的输出项不予输出；若格式说明个数多于输出项个数，则将输出一些毫无意义的数字乱码。

（3）在格式控制中，除了前面要求的输出格式，还可以包含任意的合法字符（包括汉字和转义符），这些字符输出时将"原样照印"。此外，还可利用 \n（回车）、\r（回行但不回车）、\t（制表）、\a（响铃）等控制输出格式。

（4）如果要输出%符号，可以在格式控制中用%%表示，将输出一个%符号。

（5）printf 函数有返回值，返回值是本次调用输出字符的个数，包括回车等控制符。

（6）尽量不要在输出语句中改变输出变量的值，因为可能会造成输出结果的不确定性。例如：int k＝8；printf（"%d,%d\n"，k，++k）；输出结果不是 8，9，而是 9，9。这是因为调用函数 printf 时，其参数是从右至左进行处理的，将先进行++k 运算。

（7）输出数据时的域宽可以改变。若变量 m、n、i 和 f 都已正确定义并赋值，则语句 printf（"%d"，m，i）；将按照 m 指定的域宽输出 i 的值，并不输出 m 的值。而语句 printf（"%*.*f"，m，n，f）；将按照 m 和 n 指定的域宽输出浮点型变量 f 的值，并不输出 m、n 的值。

3.3　数据输入

scanf 函数是 c 语言提供的标准输入函数，其作用是从终端键盘上读入数据。

3.3.1　scanf 函数的一般调用形式

scanf 函数的一般调用形式如下：

scanf（格式控制，输入项 1，输入项 2，…）

在 scanf 函数调用之后加上"；"，则构成输入语句。

例如，若 k 为 int 型变量，a 为 float 型变量，y 为 double 型变量，可通过以下函数调用语句进行输入：

scanf（"%d%f%lf"，&k，&a，&y）；其中 scanf 是函数名，双引号括起来的字符串部分为格式控制部分，其后的 &k，&a，&y 为输入项。

格式控制的主要作用是指定输入时的数据转换格式，即格式转换说明 oscanf 的格式转换说明与 printf 的类似，也是由 "%" 开始，其后是格式字符。上例的 %d、%f（或 %e）、%lf（或 %le）分别用于 int、float 和 double 型数据的输入。

输入项之间用逗号隔开。对于 int、float 和 double 型变量，在变量之前必须加 & 符号作为输入项（&c 语言中的求地址运算符，输入项必须是地址表达式）。

3.3.2 scanf 函数中常用的格式说明

每个格式说明都必须用 % 开头，以一个 "格式字符" 作为结束。

通常允许用于输入的格式字符及其相应的功能如表 3.3 所示。

表 3.3 用于输入的格式字符及其功能

格式字符	说　　明
c	输入一个字符
d	输入带符号的十进制整型数
1	输入整型数，整型数可以是带先导 O 的八进制数，也可以是带先导 Ox（或 OX）的十六进制数
O	以八进制格式输入整型数，可以带先导 O，也可以不带
x	以十六进制格式输入整型数，可以带先导 Ox 或 OX，也可以不带
u	以无符号十进制形式输入整型数
f（lf）	以带小数点的数学形式或指数形式输入浮点数（单精度数用 f，双精度数用 lf）
e（le）	同上
S	输入一个字符串，直到遇到 "\O"。若字符串长度超过指定的精度则自动突破，不会截断字符串

说明：

（1）在格式串中，必须含有与输入项一一对应的格式转换说明符。若格式说明与输入项的类型不一一对应匹配，则不能正确输入，而且编译时不会报错。若格式说明个数少于输入项个数，scanf 函数结束输入，则多余的输入项将无法得到正确的输入值；若格式转换说明个数多于输入项个数，scanf 函数也结束输入，多余的数据作废，不会作为下一个输入语句的数据。

（2）在 VC 环境下，输入 short 型整数，格式控制要求用 %hd。要输入 double 型数据，格式控制必须用 %lf（或 %le）。否则，数据不能正确输入。

（3）在 scanf 函数的格式字符前可以加入一个正整数指定输入数据所占的宽度，但不可以对实数指定小数位的宽度。

（4）由于输入是一个字符流，scanf 从这个流中按照格式控制指定的格式解析出相应数据，送到指定地址的变量中。因此当输入的数据少于输入项时，运行程序将等待输入，直到满足要求为止。当输入的数据多于输入项时，多余的数据在输入流中没有作废，而是等待下一个输入操作语句继续从此输入流读取数据。

（5）scanf 函数有返回值，其值就是本次 scanf 调用正确输入的数据项的个数。

3.3.3 通过 scanf 函数从键盘输入数据

当用 scanf 函数从键盘输入数据时，每行数据在未按下回车键（Enter 键）之前，可以任意修改。但按下回车键（Enter 键）后，scanf 函数即接受了这一行数据，不能再回去修改。

1. 输入数值数据

在输入整数或实数这类数值型数据时，输入的数据之间必须用空格、回车符、制表符（Tab 键）等间隔符隔开，间隔符个数不限。即使在格式说明中人为指定了输入宽度，也可以用此方式输入。例如：若 k 为 int 型变量，a 为 float 型变量，y 为 double 型变量，有以下输入语句：

scanf ("%d%f%le"，&k，&a，&y)；若要给 k 赋值 10，a 赋值 12.3，y 赋值 1234567.89，输入格式可以是（输入的第一个数据之前可有任意空格）：

10 12.3 1234567.89<CR>

此处<CR>表示回车键。也可以是：

10<CR>

12.3<CR>

1234567.89<CR>

只要能把 3 个数据正确输入，就可以按任何形式添加间隔符。

2. 指定输入数据所占的宽度

可以在格式字符前加入一个正整数指定输入数据所占的宽度。例如上例可改为：

scanf ("%3d%5f%5le"，&k，&a，&y)；

若从键盘上从第 1 列开始输入：

123456.789.123

用 printf ("%d　%f %f \n"，k，a，y)；打印的结果是：

123 456.700000 89.120000

可以看到，由于格式控制是%3d，因此把输入数字串的前三位 123 赋值给了 k；由于对应于变量 a 的格式控制是%5f，因此把输入数字串中随后的 5 位数（包括小数点）456.7 赋值给了 a；由于格式控制是%5e，因此把数字串中随后的 5 位（包括小数点）89.12 赋值给了 y。

由以上示例可知，数字之间不需要间隔符，若插入了间隔符，系统也将按指定的宽度来读取数据，从而会引起输入混乱。除非数字是"粘连"在一起，否则不提倡指定输入数据所占的宽度。

3. 跳过某个输入数据

可以在%和格式字符之间加入" ＊ "号，作用是跳过对应的输入数据。例如：

int x，y，z；

scanf ("%d%＊d%d%d"，&x，&y，&z)；

printf ("%d%d%d \n"，x，y，z)；

若是输入：

12 34 56 78

则输出是：

12 56 78

系统将 12 赋给 x，跳过 34，把 56 赋给 y，把 78 赋给 z。

4. 在格式控制字符串中插入其他字符

scanf 函数中的格式控制字符串是为了输入数据用的，无论其中有什么字符，也不会输出到屏幕上，因此若想在屏幕上输出提示信息，应该首先使用 printf 函数输出。例如：

int x，y，z；

scanf（¨Please input x，y，z：％d％d％d¨，&x，&y，&z）；屏幕上不会输出"Please input x，y，z："，而是要求输入数据时按照一一对应的位置原样输入这些字符，必须从第一列起以下面的形式进行输入：

Please input x，y，z：12 34 56 包括"Please input x，y，z："中字符的大小写、字符间的间格等必须与 scanf 中的完全一致。这些字符又被称为通配符。

但如果使用以下的形式：

int x，y，z；

printf（¨Please input x，y，z：¨）；

scanf（¨％d％d％d¨，&x，&y，&z）；

运行时，由于 printf 语句的输出，屏幕上将出现提示"Please input x，y，z："，只需按常规输入下面的数据即可：

12 34 56

如果在上面的 scanf 函数中，在每个格式说明之间加一个逗号作为通配符：

scanf（"％d,％d,％d"，&x，&y，&z）；则输入数据时，必须在前两个数据后面紧跟一个逗号，以便与格式控制中的逗号一一匹配，否则就不能正确读入数据。例如，输入：

12，34，56 能正确读入。输入：

12，　　34，　　　56 也能正确读入。因为空格是间隔符，将全部被忽略掉。但输入：

12　　，34　　　，56 将不能正确读入，因为逗号没有紧跟在输入数据后面。

需要提醒的是，为了减少不必要的麻烦，尽量不要使用通配符。

3.4　复合语句和空语句

3.4.1　复合语句

在 c 语言中，一对花括号"{}"不仅可用作函数体的开头和结尾的标志，也可用作复合语句的开头和结尾的标志。复合语句也可称为"语句块"，其语句形式如下：

〔语句 1 语句 2……语句 n〕用一对花括号把若干语句括起来构成一个语句组。一个复合语句在语法上视为一条语句，在一对花括号内的语句数量不限。例如：

$$\{a++; b*=a; printf ("b=\%d \backslash n", b);\}$$

在复合语句中，不仅可以有执行语句，也可以有定义部分，定义本复合语句中的局部变量。

3.4.2 空语句

C 程序中的所有语句都必须由一个分号";"作为结束。如果只有一个分号，如：

```
main ()
{   ;
    }
```

这个分号也是一条语句，称为"空语句"，程序执行时不产生任何动作。程序设计中有时需要加一个空语句来表示存在一条语句，但随意加分号也会导致逻辑上的错误，而且这种错误十分隐蔽，编译器也不会提示逻辑错误，初学者一定要小心，需要慎用。

3.5 程序举例

例 3.1 以下程序由终端输入两个整数给变量 x 和 y；然后输出 x 和 y；在交换 x 和 y 中的值后，再输出 x 和 y。验证两个变量中的数是否正确地进行了交换。

```
#include <stdio. h>
main ()
{int x, y, t;
printf (" Enter x&y： \ n" );
scanf ("%d%d", &x, &y);
printf ("x=%d y=%d \ n", x, y);
t=x; x=y; y=t;
printf (" x=%d y=%d \ n", x, y);
}
```

以下是程序运行情况：

```
Enter x&y：        （由第 4 行的 printf 输出）
123 456<CR>        （从键盘输入两个整数，<CR>代表按 Enter 键）
x= 123 y=456       （由第 6 行的 printf 输出）
x= 456 y=123       （由第 8 行的 printf 输出）
```

在程序中交换 x 和 y 两个变量中的数据时，不可以简单地用 x＝y；y＝x；两条语句来实现，语句 x＝y；执行的结果将把 y 中的值复制到 x 中，使 y 和 x 变量中具有相同的值，x 中原有的值丢失，因此无法再实现两数的交换。为了不丢失 x 中原有的值，必须在执行 x＝y； 前，把 x 中的值放到一个临时变量中保存起来（在此，通过 t＝x；来实现），在执行了 x＝y；之后，再把保存在临时变量中的值赋给 y（通过 y＝t；来实现）。

例 3.2 输入一个 double 类型的数，使该数保留小数点后两位，对第三位小数进行四舍五入处理，然后输出此数，以便验证处理是否正确。

程序如下：

```
#include <stdio. h>
main ()
{double x;
printf ("Enter x：\ n");
scanf ("%lf", & x);
printf (" (1) x=%f \ n", x);
x=x*100;
x=x+0.5;
x= (int) x;
x=x/100;
printf (" (2) x=%f \ n", x);
}
```

运行结果如下：

Enter x： （printf 输出提示信息）

123.4567<CR> （从键盘输入 123.4567，<CR>代表 Enter 键）

(1) x=123.456700 （输出原始数据）

(2) x=123.460000 （输出对第三位小数进行四舍五入后的数据）

注意：在 scanf 函数中给 double 类型变量输入数据时，应该使用%lf 格式转换说明符，而输出时，对应的格式转换说明符可以是%lf，也可以用%f。

练习题

一、选择题

1. 若 a、b、c、d 都是 int 型变量且初值为 0，以下选项中不正确的赋值语句是（　　）

    A. a＝b＝c＝100；　　　B. d＋＋；　　　C. e＋b；　　　D. d＝（c＝22）－（b＋＋）；

2. 下列选项中不是 C 语句的是（　　）

A. ｛int i；i＋＋；printf（¨%d＼n¨，i）；｝

B. ；

C. a＝5，c＝10

D. ｛ ；｝

3. 合法的 c 语言赋值语句是（ ）

A. a＝b＝58　　　　　　　　　　　B. k＝int（a＋b）；

C. a＝58，b＝58　　　　　　　　　D. －－i；

4. 有以下程序：

```
＃include ＜stdio. h＞
main（）
｛int x＝10，y＝3；
printf（¨%d＼n¨，y＝x/y）；
｝
```

执行后的输出结果是（ ）

A. 0　　　　　　　　B. 1　　　　　　C. 3　　　　　D. 不确定的值

5. 若变量已正确定义为 int 型，要给 a、b、c 输入数据，正确的输入语句是（ ）

A. read（a，b，c）；

B. scanf（¨%d%d%d¨，a，b，c）；

C. scanf（¨%D%D%D¨，&a，%b，%c）；

D. scanf（¨%d%d%d¨，&a，&b，&c）；

6. 若变量已正确定义为 float 型，要通过输入语句：scanf（¨%f　%f　%f¨，&a，&b，&c）；给 a 赋值 11.0，b 赋值 22.0，c 赋值 33.0，不正确的输入形式是（ ）

A. 11，22，33　　　　　　　　　　B. 11.0，22.0，33.0

C. 11.0，22.0，33.0　　　　　　　D. 11，22，33

7. 若变量 a、b、t 已正确定义，要将 a 和 b 中的数进行交换，以下选项中不正确的语句组是（ ）

A. a＝a＋b，b＝a－b，a＝a－b；　　B. t＝a，a＝b，b＝t；

C. a＝t；t＝b；b＝a；　　　　　　D. t＝b；b＝a；a＝t；

8. 若有正确定义语句：

double x＝5.16894；语句 printf（¨%f＼n¨，（int）（x＊1000＋0.5）/（double）1000）；的输出结果是（ ）

A. 输出格式说明与输出项不匹配，输出无定值

B. 5.170000

C. 5.168000

D. 5.169000

9. 若有以下程序段：

```
int c1=1，c2=2，c3；
c3=c1/c2；
printf（"%d \ n"，c3）；
```

执行后的输出结果是（　　　）

A. 0　　　　　　　　B. 1/2　　　C. 0.5　　　D. 1

二、填空题

1. 若有以下定义，请写出以下程序段中输出语句执行后的输出结果（　　　）。

```
int i=-200，j=2500；
printf（"（1）%d,%d"，i，j）；
printf（"（2）i=%d，j=%d \ n"，i，j）；
printf（"（3）i=%d \ nj=%d \ n"，i，j）；
```

2. 变量 i、j、k 已定义为 int 型并均有初值 0，用以下语句进行输入时：

```
scanf（"%d"，&i）；scanf（"td"，&j）；scanf（"%d"，&k）；
```

从键盘输入：

　　　　1 2.3＜CR＞　　　（＜CR＞代表 Enter 键）

则变量 i、j、k 的值分别是（　　　）、（　　　）、（　　　）。

三、编程题和改错题

1. 编写程序，把 560 分钟换算成用小时和分钟表示，然后进行输出。

2. 编写程序，输入两个整数：1500 和 350，求出它们的商和余数并进行输出。

3. 编写程序，读入三个双精度数，求它们的平均值并保留此平均值小数点后一位数，对小数点后第二位数进行四舍五入，最后输出结果。

第4章 选择结构

    c语言提供了可以进行逻辑判断的若干选择语句，由这些选择语句可构成程序中的选择结构，通常又称为分支结构，它将根据逻辑判断的结果决定程序的不同流程。

    选择结构是结构化程序设计的三种基本结构之一。本章将详细介绍如何在C程序中实现选择结构。

4.1 关系运算和逻辑运算

4.1.1 c语言的逻辑值

    关系表达式和逻辑表达式的运算结果都会得到一个逻辑值。逻辑值只有两个，分别用"真"和"假"来表示。在c语言中，没有专门的"逻辑值"，而是用非0表示"真"，用0表示"假"。因此，对于任意一个表达式，如果值为0，就代表一个"假"值；如果值是非零，无论是正数还是负数，都代表一个"真"值。

4.1.2 关系运算符和关系表达式

    关系运算是逻辑运算中比较简单的一种。所谓关系运算实际上是"比较运算"，即进行两个数的比较，判断比较的结果是否符合指定的条件。

1.c语言的关系运算符

c语言提供了6种关系运算符，它们分别是：

(1) <　　　(小于)　　　(2) <=　　　(小于或等于)

(3) >　　　(大于)　　　(4) >=　　　(大于或等于)

(5) ==　　(等于)　　　(6) !=　　　(不等于)

注意：由两个字符组成的运算符之间不允许有空格，如：＜＝就不能写成＜　＝。

关系运算符是双目运算符，具有自左至右的结合性。

以上运算符中，前四种关系运算符（＜、＜＝、＞、＞＝）的优先级别相同，后两种（＝＝、！＝）优先级相同，且前四种的优先级高于后两种。

关系运算符、算术运算符和赋值运算符之间的优先级次序是：算术运算符的优先级别最高，关系运算符次之，赋值运算符的优先级别最低。

2. 关系表达式及关系表达式的值

由关系运算符构成的表达式，称为关系表达式。关系运算符两边的运算对象可以是 c 语言中任意合法的表达式。例如，a＞＝b、（a＝3）＞（b＝4）、a＞c＝＝c 等都是合法的关系表达式。

关系运算的值为"逻辑值"，只有两种可能：整数 0 或者整数 1。例如，若变量 a 中的值为 10，变量 b 中的值为 6 时，表达式 a＞＝b 为"真"，其值为 1；若 a 中的值为 10，b 中的值为 16 时，表达式 a＞＝b 为"假"，其值为 0。

当关系运算符两边值的类型不一致时，例如一边是整型，另一边是浮点型，则系统将自动把整型数转换为浮点数，然后进行比较，其类型转换规则与附录 2 中所列双目算术运算中的类型转换规则相同。若 x 和 y 都是浮点数，应当避免使用 x＝＝y 这样的关系表达式，因为通常存放在内存中的浮点数是有误差的，因此不可能精确相等，这将导致关系表达式 x＝＝y 的值总是为 0。

4.1.3　逻辑运算符和逻辑表达式

1. c 语言的逻辑运算符

c 语言提供了三种逻辑运算符，分别是：（1）＆＆ 逻辑"与"；（2）｜｜逻辑"或"；（3）！逻辑"非"。

其中，运算符 ＆＆ 和 II 为双目运算符，运算符 ！为单目运算符，出现在运算对象的左边。逻辑运算符具有自左至右的结合性。

以上运算符的优先级次序是：！（逻辑"非"）级别最高，＆＆（逻辑"与"）次之，｜｜（逻辑"或"）最低。

逻辑运算符与赋值运算符、算术运算符、关系运算符之间从高到低的运算优先次序是：！（逻辑"非"）、算术运算符、关系运算符、＆＆（逻辑"与"）、｜｜（逻辑"或"）、赋值运算符。

2. 逻辑表达式和逻辑表达式的值

由逻辑运算符和运算对象组成的表达式称为逻辑表达式。逻辑运算的对象可以是 c 语言中任意合法的表达式。逻辑表达式的运算结果或者为 1（"真"），或者为 0（"假"）。例如：在关系表达式（x＞y）为真的条件下，若变量 a 的值为 10，变量 b 的值为 16，表达式（a＞b）＆＆（x＞y）为"假"，表达式的值为 0；若 a 值为 10，b 值为 6，表达式（a＞b）＆＆（x＞y）为"真"，其值为 1。由逻辑运算符构成的逻辑表达式，其运算规则如表 4.1 所示。

表 4.1　逻辑运算规则

a	b	! a	! b	a&&b	a‖b
非0	非0	0	0	1	1
非O	0	0	1	0	1
0	非0	1	0	0	1
0	0	1	1	0	0

注：其中 a 和 b 为任意合法表达式。

值得注意的是，在数学上关系式 $0<x<10$ 表示 x 的值应在大于 0 并且小于 10 的范围内，但在 c 语言中不能直接用 $0<x<10$ 这样一个关系表达式来表述以上的逻辑关系。因为按照 c 语言的运算规则，表达式 $0<x<10$ 首先进行 $0<x$ 的运算，其值为 0 或 1，因此无论 x 是什么值，表达式 $0<x<10$ 的值总是 1。

对于这种情况，只有采用 c 语言提供的逻辑表达式 $0<x\&\&x<10$ 才能正确表述以上关系。例如，当 x 的值为 20 时，左边关系表达式 $0<x$ 的值为 1，右边关系表达式 $x<10$ 的值为 0，"与"运算的结果为 0；当 x 的值为 —1 时，左边关系表达式的值为 0，右边关系表达式的值为 1，"与"运算的结果仍为 0；只有当 x 的值在 0 到 10 的范围内时，左右两边的关系表达式的值均为 1，"与"运算的结果才为 1。

c 语言中，由 && 或 ‖ 构成的逻辑表达式，在特定的情况下会产生"短路"现象。例如有以下逻辑表达式：

a++&&b++

若 a 的值为 0，表达式首先去求 a++ 的值，由于表达式 a++ 的值为 0，系统完全可以确定逻辑表达　式的运算结果总是为 0，因此将跳过 b++ 不再对它进行求值。在这种情况下，a 的值将自增 1，由 0 变成 1，而 b 的值将不变。若 a 的值不为 0，则系统不能仅根据表达式 a++ 的值来确定逻辑表达式的运算结果，因此必然要再对运算符 && 右边的表达式 b++ 进行求值，这时将进行 b++ 的运算，使 b 的值改变。又如以下逻辑表达式：

a++　　b++

若 a 的值为 1，表达式首先去求 a++ 的值，由于表达式 a++ 的值为 1，无论表达式 b++ 为何值，系统完全可以确定逻辑表达式的运算结果总是为 1，因此也将跳过 b++ 不再对它进行求值。在这种情况下，a 的值将自增 1，b 的值将不变。若 a 的值为 0，则系统不能仅根据表达式 a++ 的值来确定逻辑表达式的运算结果，因此必然要再对运算符 ‖ 右边的表达式 b++ 进行求值，这时将进行 b++ 的运算，运算结果不仅使 a 的值改变，也改变了 b 的值。

4.2　if 语句和用 if 语句构成的选择结构

4.2.1　if 语句

c 语言的 if 语句有以下两种基本形式：

（1）if（表达式）语句　　　/ * 不含 else 子句的 if 语句 * /

（2）if（表达式）语句 1　　/ * 含 else 子句的 if 语句 * /

else 语句 2

1. 不含 else 子句的 if 语句

（1）语句形式

if（表达式）语句

例如：

$$if (a<b) \quad \{ \quad t=a; \ a=b; \ b=t; \quad \}$$

其中，if 是 c 语言的关键字，在其后一对圆括号中的表达式可以是 c 语言中任意合法的表达式。表达式之后只能是一条语句，称为 if 子句。如果该子句中含有多个语句（两个以上），则必须使用复合语句，即用花括号把一组语句括起来，因为复合语句可以看成是"一条语句"。

（2）if 语句的执行过程

执行 if 语句时，首先计算紧跟在 if 后面一对圆括号中的表达式的值。如果表达式的值为非零（"真"），则执行其后的 if 子句，然后去执行 if 语句后的下一条语句；如果表达式的值为零（"假"），则跳过 if 子句，直接执行 if 语句后的下一条语句。

例 4.1　输入两个数，分别放入 x 和 y 中，若两数不相等，则输出其中的大数；若两数相等，则输出字符串 x＝＝y 和 x 的值。

```
#include <stdio.h>
main ( )
{int x, y;
printf ("Enter x&y：\n");
scanf ("%d%d", &x, &y); printf ("x, y:%d%d\n", x, y);
if (x>y) printf ("x=%d\n", X);
if (y>x) printf ("y=%d\n", y);
if (x==y) printf ("x==y  %d：\n", x);
}
```

题是一个应用 if 语句的简单程序，其执行过程如下：

（1）printf 语句在屏幕上显示提示信息：Enter x&y：之后，scanf 语句等待用户给变量 x、y 输入两个整数，然后把输入的两个数显示在屏幕上。

（2）执行第 6 行的 if 语句。计算表达式 x＞y 的值。如果 x 大于 y，表达式的值为 1，则调用 printf 函数输出 x 的值；否则，如果 x 小于或等于 y，表达式的值为 0，则跳过此输出语句继续执行步骤（3）。

（3）执行第 7 行的 if 语句。计算表达式 y＞x 的值。如果 y 大于 x，则调用 printf 函数，输出 y 的值；否则跳过此输出语句继续执行步骤（4）。

（4）执行第 8 行的 if 语句。计算表达式 x＝＝y 的值。如果 x 等于 y，则调用 printf 函数输出字符串 x＝＝y 和 x 的值；否则跳过此输出语句继续执行步骤（5）。

（5）程序结束。

例 4.2 输入三个整数，分别放在变量 a、b、c 中，然后把输入的数据重新按由小到大的顺序放在变量 a、b、c 中，最后输出 a、b、c 中的值。

程序如下：

```
#include <stdio.h>
main ()
{int a, b, c, t;
printf ("input a, b, c："); scanf ("%d%d%d", &a, &b, &c);
printf ("a=%d, b=%d, c=%d\n", a, b, c);
   if (a>b)      /* 如果 a 比 b 大，则进行交换，把小的数放入 a 中 */
      {t=a; a=b; b=t;}
   if (a>c)      /* 如果 a 比 c 大，则进行交换，把小的数放入 a 中 */
      {t=a; a=c; c=t;}       /* 至此 a、b、c 中最小的数已放入 a 中 */
   if (b>c)      /* 如果 b 比 c 大，则进行交换，把小的数放入 b 中 */
      {t=b; b=c; c=t;}       /* 至此 a、b、c 中的数已按由小到大顺序放好 */
printf ("%d,%d,%d\n", a, b, c);
      }
```

以上程序无论给 a、b、c 输入什么数，最后总是把最小数放在 a 中，把最大数放在 c 中。

2. 含 else 子句的 if 语句

（1）语句形式

if（表达式）　　语句 1

else　　语句 2

例如：

if (a!=0) printf ("a!=0\n");

else　　printf ("a==0\n");

在这里，if 和 else 是 c 语言的关键字。"语句 1"称为 if 子句，"语句 2"称为 else 子句，这些子句只允许为一条语句，若需要多条语句时，则应该使用复合语句。

注意：else 不是一条独立的语句，它只是 if 语句的一部分，不允许有这样的语句：

else printf（¨＊＊＊¨）；

在程序中 else 必须与 if 配对，共同组成一条 if－else 语句。

（2）if－else 语句的执行过程

执行 if－else 语句时，首先计算紧跟在 if 后面一对圆括号内表达式的值。如果表达式的值为非 O，执行 if 子句，然后跳过 else 子句，去执行 if 语句之后的下一条语句；如果表达式的值为 0，跳过 if 子句，去执行 else 子句，执行完之后接着去执行 if 语句之后的下一条语句。

例 4.3　输入两个数，分别赋给 x 和 y，输出其中的大数。

```
#include <stdio.h>
main（）
{int x，y；
printf（¨Enter x&y：¨）；
scanf（¨%d%d¨，&x，&y）；  printf（¨x，y：%d　%d\n¨，x，y）；
if（x>y）
printf（¨max=x=%d\n¨，x）；
else
     printf（¨max=y=%d\n"，y）；
printf（¨＊＊end＊＊\n¨）；
}
```

当执行以上程序时，若把 5 输入给变量 x，把 3 输入给变量 y，则 if 之后的表达式 x>y 的值为 1，因此将执行 if 子句，输出 x 的值，然后去调用最后的 printf 函数，输出字符串：＊＊end＊＊。

如果输入 3 给 x，输入 5 给 y，这时 if 语句中表达式 x>y 的值为 O，因此将跳过 if 子句，直接执行 else 分支中的 else 子句，输出 y 的值，然后执行下一行的语句，输出字符串：＊＊end＊＊。

例 4.4　输入一个数，判别它是否能被 3 整除。若能被 3 整除，打印 YES；不能被 3 整除，打印 NO。

程序如下：

```
#include <stdio.h>
main（）
     {int n；
printf（¨input n：¨）；  scanf（¨%d¨，&n）；
if（n%3==0）  /＊判断 n 能否被 3 整除＊/
printf（¨n=%d YES\n¨，n）；
else
```

```
printf (¨n＝％d NO \ n¨，n)；
}
```

3. 关于 if 语句的说明

(1) if 后面圆括号中的表达式，可以是任意合法的 c 语言表达式（如：逻辑表达式、关系表达式、算术表达式、赋值表达式等），也可以是任意类型的数据（如：整型、实型、字符型、指针型等）。

(2) 无论是否有 else 子句，if 子句中如果只有一条语句，则此语句后的分号不能省略。如：

```
if ( x! ＝0) printf (¨％f¨，x)；        //此处的分号不能省略
else      printf (¨％f¨，y)；
```

4.2.2　嵌套的 if 语句

if 子句和 else 子句中可以是任意合法的 C 语句，因此当然也可以是 if 语句，通常称此为嵌套的 if 语句。内嵌的 if 语句既可以嵌套在 if 子句中，也可以嵌套在 else 子句中。

1. 在 if 子句中嵌套具有 else 子句的 if 语句

语句形式

```
if（表达式1）
if（表达式2）语句1
else    语句2
else
```

语句 3 当表达式 1 的值为非 0 时，执行内嵌的 if−else 语句；当表达式 1 的值为 0 时，执行语句 3。

2. 在 if 子句中嵌套不含 else 子句的 if 语句

语句形式为：

```
if（表达式1）
｛ if（表达式2）语句1｝
else
语句2
```

注意：在 if 子句中的一对花括号不可缺少。因为 c 语言的语法规定：else 子句总是与前面最近的不带 else 的 if 相结合，与书写格式无关。因此，以上语句如果写成：

```
if（表达式1）
if（表达式2）语句1
else
语句2
```

则实质上等价于：

```
if（表达式1）
```

if（表达式2）语句1

else 语句2

当用花括号把内层 if 语句括起来后，使得此内层 if 语句在语法上成为一条独立的语句，从而在语法上使得 else 与外层的 if 配对。

3. 在 else 子句中嵌套 if 语句

语句形式如下：

（1）内嵌的 if 语句带有 else：　　　　　（2）内嵌的 if 语句不带 else：

if（表达式1）语句1　　　　　　　　　　if（表达式1）语句1

else　　　　　　　　　　　　　　　　　　　else

if（表达式2）　语句2　　　　　　　　　　if（表达式2）语句2

else　　语句3

或写成：　　　　　　　　　　　　　　　或写成：

if（表达式1）语句1　　　　　　　　　　if（表达式1）语句1

else if（表达式2）语句2　　　　　　　　else if（表达式2）语句2

else　　语句3

由以上两种语句形式可以看到，内嵌在 else 子句中的 if 语句无论是否有 else 子句，在语法上都不会引起误会，因此建议读者在设计嵌套的 if 语句时，尽量把内嵌的 if 语句嵌在 else 子句中。

c 语言程序有比较自由的书写格式，但是过于"自由"的程序书写格式往往使人们很难读懂，因此要求读者参考本书例题程序中按层缩进的书写格式来写自己的程序。

不断在 else 子句中嵌套 if 语句可形成多层嵌套。如：

if（表达式1）

语句1

else

if（表达式2）

语句2

else

if（表达式3）

语句3

else

if（表达式4）

语句4

……

else

语句 n 这时形成了阶梯形的嵌套 if 语句，此语句可用以下语句形式表示，使得读起来既层次分明，又不占太多的篇幅。

if（表达式1）　　　语句1

else if（表达式 2）　　　语句 2

else if（表达式 3）　　　语句 3

else if（表达式 4）　　　语句 4

……

else　　　语句 n

以上形式的嵌套 if 语句执行过程可以这样理解：从上向下逐一对 if 后的表达式进行检测。当某一个表达式的值为非 0 时，就执行与此有关子句中的语句，阶梯形中的其余部分不执行，直接越过去。如果所有表达式的值都为 0，则执行最后的 else 子句，此时如果程序中最内层的 if 语句没有 else 子句，即没有最后的那个 else 子句，那么将不进行任何操作。

例 4.5　编写程序，根据输入的学生成绩给出相应的等级，大于或等于 90 分以上的等级为 A，60 分以下的等级为 E，其余每 10 分为一个等级。

程序如下：

```
#include <stdio. h>
main ()
{int g;
printf ("Enter g：")；scanf ("%d"，&g)；
printf ("g=%d：", g)；
if (g>=90) printf ("A\n")；
else if (g>=80) printf ("B\n" )；
else if (g>=70) printf ( "C\n" )；
else if (g>=60) printf ("D\n" )；
else printf ("E\n")；
}
```

当执行以上程序时，首先输入学生的成绩，然后进入 if 语句。if 语句中的表达式将依次对学生成绩进行判断，若能使某 if 后的表达式值为 1，则执行与其相应的子句，之后便退出整个 if 结构。

例如，若输入的成绩为 72 分，首先输出：g＝72：，当从上向下逐一检测时，使 g>=70 这一表达式的值为 1，因此在以上输出之后再输出 C，然后便退出整个 if 结构。

如果输入 5 5 分，则首先输出：g＝55：，因为所有 if 子句中的表达式的值都为 0，因此执行最后 else 子句中的语句，接着输出 E，然后退出 if 结构。

4.3　条件表达式构成的选择结构

前面介绍的是使用 c 语言中的 if 语句来构成程序中的选择结构。c 语言另外还提供了一个特殊的运算符——条件运算符，由此构成的表达式也可以形成简单的选择结构，这种选择结构能以表达式的形式内嵌在允许出现表达式的地方，使得可以根据不同的条件使用不同的数据参与运算。

4.3.1　条件运算符

条件运算符由两个运算符组成，它们是:?:。这是 c 语言提供的唯一的三目运算符，即要求有三个运算对象。

4.3.2　由条件运算符构成的条件表达式

条件表达式的形式如下：
表达式 17 表达式 2：表达式 3

4.3.3　条件表达式的运算功能

当"表达式 1"的值为非零时，求出"表达式 2"的值，此时"表达式 2"的值就是整个条件表达式的值；当"表达式 1"的值为零时，则求"表达式 3"的值，这时便把"表达式 3"的值作为整个条件表达式的值。

4.3.4　条件运算符的优先级

条件运算符优先于赋值运算符，但低于关系运算符和算术运算符。例如：
$y=x>10? 100：200$ 由于等号运算符的优先级低于条件运算符，因此首先求出条件表达式的值，然后赋给 yo 在条件表达式中，先求出 $x>10$ 的值。若 x 大于 1 0，取 1 0 0 作为表达式的值并赋给变量 y；若 x 小于或等于 1 0，则取 200 作为表达式的值并赋给变量 yo 又如：
　　　　　printf（¨abs（x）＝%d＼n¨，x<0?（－1）＊x：x）；
此处输出 x 的绝对值。

4.4　switch 及其构成的选择结构

4.4.1　switch 语句

switch 语句形式如下：
switch（表达式）

```
{case   常量表达式 1：语句 1
case   常量表达式 2：语句 2
……
case   常量表达式 n：语句 n
default    ：语句 n+1
}
```

说明：

（1）switch 是 c 语言的关键字，switch 后面用花括号括起来的部分称为 switch 语句体。

（2）紧跟在 switch 后一对圆括号中的表达式可以是整型表达式及后面将要学习的字符型表达式等。表达式两边的一对括号不能省略。

（3）case 也是关键字，与其后面的常量表达式合称 case 语句标号。常量表达式的类型必须与 swicth 后圆括号中的表达式类型相同，各 case 语句标号的值应该互不相同。

（4）default 也是关键字，起标号的作用，代表所有 case 标号之外的那些标号。default 标号可以出现在语句体中任何标号位置上。在 switch 语句体中也可以没有 default 标号。

（5）case 语句标号后的语句 1，语句 2 等，可以是·条语句，也可以是若干语句。

（6）必要时，case 语句标号后的语句可以省略不写。

（7）在关键字 case 和常量表达式之间一定要有空格，例如"case 10："不能写成"case10："。

4.4.2　switch 语句的执行过程

当执行 swicth 语句时，首先计算紧跟其后一对括号中的表达式的值，然后在 switch 语句体内寻找与该值吻合的 case 标号。如果有与该值相等的标号，则执行该标号后开始的各语句，包括在其后的所有 case 和 default 中的语句，直到 switch 语句体结束；如果没有与该值相等的标号，并且存在 default 标号，则从 default 标号后的语句开始执行，直到 switch 语句体结束；如果没有与该值相等的标号，同时又没有 default 标号，则跳过 switch 语句体，去执行 switch 语句之后的语句。

例 4.6　用 switch 语句改写例 4.5。

程序如下：

```
#include <stdio. h>
main ()
{int g;
printf ("Enter a mark："); scanf ("%d", &g); / * g 中存放学生的成绩 * /
printf ("g=%d：", g);
switch (g/10)
        { case 10：
```

```
        case 9：printf（"A \ n"）；
            case 8：printf（"B \ n"）；
            case 7：printf（"C \ n"）；
            case 6：printf（"D \ n"）；
        default：printf（"E \ n"）；
            }
    }
```

当执行以上程序，输入了一个 85 分的学生成绩后，接着执行 switch 语句，首先计算 switch 之后一对括号中的表达式：85/10，它的值为 8，然后寻找与 8 吻合的 case 8 分支，开始执行其后的各语句。执行该程序的输入输出结果如下：

Enter a mark：85＜回车＞

g＝ 85：B

C

D

E

在输出了与 85 分相关的 B 之后，又同时输出了与 85 分毫不相关的等级 C、D、E，这显然不符合原意。为了改变这种多余输出的情况，switch 语句常常需要与 break 语句配合使用。

4.4.3　在 switch 语句体中使用 break 语句

break 为 c 语言关键字，break 语句又称间断语句。可以将 break 语句放在 case 标号之后的任何位置，通常是在 case 之后的语句最后加上 break 语句。每当执行到 break 语句时，立即跳出 switch 语句体。switch 语句通常总是和 break 语句联合使用，使得 switch 语句真正起到分支的作用。

现用 break 语句修改例 4.6 的程序。

```
#include ＜stdio. h＞
main（）
{ int g；
    printf（"Enter a mark："）；scanf（"%d"，＆g）；/＊g 中存放学生的成绩＊/
    printf（"g＝%d："，g）；
switch（g/10）
        {case 10 ：
    case 9：printf（"A \ n"）；break；
    case 8：printf（"B \ n''）；break；
    case 7：printf（"C \ n"）；break；
    case 6：printf（"D \ n''）；break；
```

```
        default：printf（"E \ n"）；
        }
    }
```

程序执行过程如下：

（1）当给 g 输入 1 00 时，switch 后一对括号中的表达式：g/10 的值为 100 因此选择 case 10 分支，因为没有遇到 break 语句，所以继续执行 case 9 分支，在输出：g＝100：A 之后，遇 break 语句，执行 break 语句，退出 switch 语句体。由此可见，成绩 90 到 100 分，执行的是同一分支。

（2）当输入成绩为 45 时，switch 后一对括号中表达式的值为 4，将选择 default 分支，在输出：g＝ 45：E 之后，退出 switch 语句体。

（3）当输入成绩为 85 时，switch 后一对括号中表达式的值为 8，因此选择 case 8 分支，在输出：g＝85：B 之后，执行 break 语句，退出 switch 语句体。

4.5　语句标点与 goto 语句

4.5.1　语句标号

在 c 语言中，语句标号不必特意加以定义，标号可以是任意合法的标识符，当在标识符后面加一个冒号，如：flag1：、stop0：，该标识符就成了一个语句标号。注意：在 c 语言中，语句标号必须是标识符，因此不能简单地使用 10：、15：等形式。标号可以和变量同名。

通常，标号用作 goto 语句的转向目标。如：

                    goto stop；

在 c 语言中，可以在任何语句前加上语句标号。例如：

            stop：printf（"END \ n"）；

4.5.2　goto 语句

goto 语句称为无条件转向语句，goto 语句的一般形式如下：

            goto　　　语句标号；

goto 语句的作用是把程序的执行转向语句标号所在的位置，这个语句标号必须与此 goto 语句同在一个函数内。滥用 goto 语句将使程序的流程毫无规律，可读性差，对于初学者来说应尽量不用。

练习题

一、选择题

1. 下列运算符中优先级最高的算符是（　　　）

　　A. !　　　　　　B. %　　　　　C. －＝　　　　　　D. &&

2. 下列运算符中优先级最低的算符是（　　　）

　　A. ||　　　　　B. !＝　　　　　C. <＝　　　　　　D. +

3. 为表示关系：x≥y≥z，应使用的 c 语言表达式是（　　　）

　　A.（x>＝y）&&（y>＝z）B.（x>＝y）AND（y>＝x）

　　C.（x>＝y>＝z）　　　　　D.（x>＝y）&（y>＝z）

4. 设 a、b 和 c 都是 int 型变量，且 a＝3，b＝4，c＝5，则以下的表达式中值为 0 的
　　表达式是（　　　）

　　A. a&&b　　　　　　　　B. a<＝b

　　C. a || b+c&&b-c　　　D. !（（a<b）&&! C || 1)

5. 有以下程序：

```
#include <stdio. h>
main ()
{ int a=2, b= -1, c=2;
if ( a<b)
if ( b<0) c=0;
else   c+=1;
printf ("%d \ n", c);
}
```

　　程序的输出结果是（　　　）

　　A. 0　　　　　B. 1　　　　　C. 2　　　　　D. 3

6. 有以下程序：

```
#include <stdio. h>
main ()
{int w=4, x=3, y=2, z=1;
printf ("%d \ n", (w<x? w: z<y? z: x) );
}
```

　　程序的输出结果是（　　　）

　　A. 1　　　　　B. 2　　　　　C. 3　　　　　D. 4

7. 有以下程序：

```
#include <stdio. h>
main ()
{int a. b, s;
scanf ("%d%d", &a, &b);
s=a;
if ( a<b) s=b;
s *= s;
printf ("%d \ n", s);
}
```

若执行以上程序时从键盘上输入 3 和 4，则输出结果是（　　　）

A). 14　　　　　B. 16　　　　　C. 18　　　　　D. 20

二、填空题

1. c语言中用（　　）表示逻辑值"真"，用（　　）表示逻辑值"假"。

2. c语言中的关系运算符"! ="的优先级比"<="（　　）。

3. c语言中的逻辑运算符"&&"比"II"的优先级（　　）。

4. c语言中的关系运算符"=="比逻辑运算符"&&"的优先级（　　）。

5. c语言中逻辑运算符（　　）的优先级高于算术运算符。

6. 将下列数学式改写成c语言的关系表达式或逻辑表达式：A.（　　）B.（　　）。

    A. $a=b$ 或 $a<c$　　　　　B. $|x|>4$

三、编程题

1. 若a的值小于100，请将以下选择结构改写成由switch语句构成的选择结构。

```
if (a<30) m=1;
else if ( a<40) m=2;
else if ( a<50) m=3;
else if ( a<60) m=4;
else m=5;
```

2. 编写程序，输入一位学生的生日（年：$y0$、月：$m0$、日：$d0$），并输入当前的日期（年：$y1$、月：$m1$、日：$d1$），输出该生的实际年龄。

3. 编写程序，输入一个整数，打印出它是奇数还是偶数。

4. 编写程序，输入 a、b、c 三个数，打印出最大者。

第 5 章　循环结构

5.1　while 语句和其构成的循环结构

5.1.1　while 循环的一般形式

由 while 语句构成的循环也称"当"循环，while 循环的一般形式如下：循环结构

while（表达式）　循环体

例如：

k＝0；

While（k＜10）　　〔printf（¨＊¨）；k＋＋；〕

程序段将重复执行输出语句 printf，输出 10 个 ＊ 号。

说明：

（1）while 是 c 语言的关键字。

（2）while 后一对圆括号中的表达式可以是 c 语言中任意合法的表达式，但不能为空，由它来控制循环体是否执行。

（3）在语法上，循环体只能是一条可执行语句，若循环体内有多个语句，应该使用复合语句。

5.1.2　while 循环的执行过程

while 循环的执行过程如下：

（1）计算 while 后圆括号中表达式的值。当值为非 0 时，执行步骤（2）；当值为 0 时，执行步骤（4）。

（2）执行循循环体一次。

（3）转去执行步骤（1）。

（4）退出 while 循环。

由以上执行过程可知，while 后圆括号中表达式的值决定了循环体是否将被执行。因此，进入 while 循环后，一定要有能使此表达式的值变为 0 的操作，否则循环将会无限制地进行下去，成为无限循环（死循环）。若此表达式的值不变，则循环体内应有在某种条件下强制终止循环的语句（如 break 等）。

注意：

（1）while 语句的循环体可能一次都不执行，因为 while 后圆括号中的条件表达式可能始就为 0。

（2）不要把由 if 语句构成的分支结构与由 while 语句构成的循环结构混同起来。若 if 后条件表达式的值为非 0，其后的 if 子句只可能执行一次；而 while 后条件表达式的值为非 0 时，其后的循环体语句可能重复执行。在设计循环时，通常应在循环体内改变条件表达式中有关变量的值，使条件表达式的值最终变成 0，以便能结束循环。

（3）当循环体需要无条件循环，条件表达式可以设为 1（恒真），但在循环体内要有带条件的非正常出口（break 等）。

例 5.1 编写程序，求 $1^2 + 2^2 + 3^2 + \cdots + n^2$，直到累加和大于或等于 10000 为止。

这是一个求 n 个数平方和的累加问题。所加数从 1 变化到 n，可以看到加数是有规律变化的，第一个加数为 1，后一个加数比前一个加数增 10 因此，编写程序时可以在循环中使用一个整型变量 i，每循环一次使 i 增 1，同时使用一个整型变量 sum 存放累加和，每循环一次使 sum 增加 i 的平方，一直循环到 sum 的值超过 10000 为止。事先我们并不知道这个循环要执行多少次。但是要特别注意的是，变量 i 和累加和变量 sum 需要有一个正确的初值，在这里它们的初值都设定为 0。

以下就是完成所要求操作的程序，这是求累加的典型算法。

```c
#include <stdio.h>
main ()
{int i, sum;
i=0; sum=0;        /* i 和 sum 的初值为 0 */
while (sum<10000)      /* 当 sum 小于 10000 时执行循环体 */
{sum+=i*i;        /* sum 累加 i 的平方 */
i++;       /* 在循环体中每累加一次后，i 增 1 */
}
printf ("ri=%d sum=%d \ n", i-1, sum);
}
```

以下是程序运行后的输出结果，其中 n 代表最后一项的值：

$$n=31 \quad sum=10416$$

注意：

（1）如果在第一次进入循环时，while 后圆括号内表达式的值为 0，循环体一次也不执行。在本程序中，如果 sum 的初值大于或等于 10000，将使表达式 sum<10000 的值为 0，循环体一次也不执行。

（2）在循环体中一定要有使循环趋向结束的操作，以上循环体内的语句 i++；使 i 不断增 1，同时 sum 也不断累加 i 的平方。当 sum>=10000 时，循环结束。如果没有 i++；这一语句，则 i 的值始终不变，保持为 0，sum 的值也不变，循环将无限进行下去，成为死循环。

（3）在循环体中，语句的先后位置必须符合逻辑，否则将会影响运算结果。例如，将上例中的 while 循环体改写成：

i=1;
while（sum<10000）
{i++;   /＊先计算 i++，后计算 sum 的值＊/
sum+=i*i;
}

程序执行后输出以下结果：

$$n=30 \quad sum=10415$$

这是因为在运行的过程中，少加了第一项的值 1，而且 n 的值也不正确。

例 5.2 用 $\frac{\pi}{4}=1-\frac{1}{3}+\frac{1}{5}-\frac{1}{7}+\frac{1}{9}-\cdots$ 公式求 π 的近似值，直到最后一项的绝对值小于 10^{-6} 为止。

本题的基本算法也是求累加和，但比例 5.1 稍复杂。

（1）用分母的值来控制循环的次数。若用 n 存放分母的值，则每累加一次 n 应当增 2。每次累加的数不是整数，而是一个实数，因此 n 应当定义成 float 类型。

（2）可以看成隔一项的加数是负数。若用 t 来表示相加的每一项，则每加一项之后，t 的符号 s 应当改变，这可用交替乘 1 和 -1 来实现。

（3）从以上求 π 的公式来看，不能决定 n 的最终值应该是多少，但可以用最后一项的绝对值小于 10^{-6} 来作为循环的结束条件。

程序如下：

```
#include <stdio.h>
#include <math.h>        /＊调用 fabs 函数时要求包含 math.h 文件＊/
main（）
{int s;
float n, t, pi;
t=1.0;     /＊t 中存放每项的值，初值为 1＊/
pi=0;      /＊pi 中存放所求 π 的值，初值为 0＊/
n=1.0;     /＊n 中存放每项分母＊/
s=1;       /＊s 为符号位，其值在 1 和 -1 之间变化＊/
while（fabs（t）>=1e-6）
```

```
{pi＝pi＋t;
n＋＝2.0;
s＝－s;          /*改变符号*/
t＝ s/n;
}
pi＝pi*4;
printf (" pi＝%f \ n", pi);
}
```

程序执行后输出以下结果：

$$pi=3.141594$$

例 5.3 用迭代法求方程 x＝COSx 的根，要求误差小于 10^{-6}。

此方程没有解析根，只能通过迭代法等方法求数值根。步骤如下：

(1) 使 x1＝0，x2＝cos x1。

(2) 判 |x2－x1|＜10^{-6}。若 x2－x1，的绝对值小于 10^{-6}，则执行 x1＝x2，重复执行步骤 (1)；否则执行步骤 (3)。

(3) 计算结束，输出结果。

程序如下：

```
#include <stdio. h>
#include <math. h>
main ()
{ double x1, x2;
x1   ＝0.0;
x2＝cos (x1);
while (fabs (x2－x1) ＞1e－6)
{   x1＝x2;
x2   ＝cos (x1);
}
printf ("x＝%f \ n", x2);
}
```

程序执行后输出以下结果：

$$x=0.739086$$

while 语句一般用于事先并不知道循环次数的循环，例如通过控制精度等进行的计算可用 while 循环来实现。

5.2 do－while 语句和用 do－while 语句构成的循环结构

5.2.1 do－while 语句构成的循环结构

do－while 循环结构的形式如下：
do
循环体
while（表达式）；
例如：
do
｛i＋＋；s＋＝i；
｝
while（1＜10）；
说明：

（1）do 是 c 语言的关键字，必须和 while 联合使用。

（2）do－while 循环由 do 开始，至 while 结束。必须注意的是：在 while（表达式）后的 "；" 不可丢，它表示 do－while 语句的结束。

（3）while 后一对圆括号中的表达式，可以是 c 语言中任意合法的表达式，由它控制循环是否执行。

（4）按语法，在 do 和 while 之间的循环体只能是一条可执行语句。若循环体内需要多个语句，应该使用复合语句。

5.2.2 do－while 循环的执行过程

do －while 循环的执行过程如下：

（1）执行 do 后面循环体中的语句。

（2）计算 while 后一对圆括号中表达式的值。当值为非 0 时，转去执行步骤（1）；当值为 0 时，执行步骤（3）。

（3）退出 do－while 循环。

由 do－while 构成的循环与 while 循环十分相似，它们之间的重要区别是：while 循环的控制出现在循环体之前，只有当 while 后面条件表达式的值为非 0 时，才可能执行循环体，因此循环体可能一次都不执行；在 do － while 构成的循环中，总是先执行一次循环体，然后再求条件表达式的值，因此，无论条件表达式的值是 0 还是非 0，循环体至少要被执行一次。

和 while 循环一样，在 do—while 循环体中，一定要有能使 while 后表达式的值变为 0 的操作，否则，循环将会无限制地进行下去，除非循环体中有带条件的非正常出口（break 等）。

例 5.4 计算 Fibonacci 数列，直到某项大于 1000 为止，并输出该项的值。

Fibonacci 数列：f0＝0，f1＝1，f2＝1，f3＝2，f4＝3，…，fn＝f（n－2）─ f（n－1）。程序中定义三个变量 f1、f2、f，给 f1 赋初值 0，f2 赋初值 1，然后进行以下步骤：

（1）f＝f1＋f2；f1＝f2；f2＝f；

（2）判断 f2 是否大于 1000，若不大于，重复步骤（1）继续循环；否则执行步骤（3）。

（3）循环结束，输出 f2 的值。

程序如下：

```
#include <stdio. h>
main ()
{int f1, f2, f;
f1=O; f2=l;
do
{f =f1+f2; f1=f2; f2 =f;
} while (f2<=1000);
printf (¨F=％d \ n¨, f2);
}
```

程序执行后输出以下结果：

$$F= 1597$$

5.3 for 语句和其构成的循环结构

5.3.1 for 语句构成的循环结构

for 语句构成的循环结构通常称为 for 循环。for 循环的一般形式如下：

for（表达式 1；表达式 2；表达式 3） 循环体

例如：

for（k＝0；k＜10；k＋＋）printf（¨＊¨）；以上 for 循环在 _ 行上输出 10 个星号。

for 是 c 语言的关键字，其后的一对圆括号中通常含有三个表达式，各表达式之间用

"；"隔开。这三个表达式可以是任意形式的表达式，通常主要用于 for 循环的控制。紧跟在 for（…）之后的循环体语句在语法上要求是一条语句，若在循环体内需要多条语句，应该使用复合语句。

for 循环的一般形式等价于下面的程序段：

表达式 1；

while（表达式 2）

{

循环体；

表达式 3；

}

5.3.2　for 循环的执行过程

for 循环的执行过程如下：

（1）计算表达式 1。

（2）计算表达式 2。若其值为非 0，转步骤（3）；若其值为 0，转步骤（5）。

（3）执行一次 for 循环体。

（4）计算表达式 3，转向步骤（2）。

（5）结束循环。

5.3.3　有关 for 语句的说明

（1）for 语句中的表达式可以部分或全部省略，但两个"；"不可省略。例如：

for（；；）printf（"＊"）；三个表达式均省略，但因缺少条件判断，循环将会无限制地执行，而形成无限循环（通常称死循环）。

（2）for 后一对圆括号中的表达式可以是任意有效的 c 语言表达式。例如：

for（sum＝0，i＝1；1＜＝100；sum＝sum＋i，i＋＋）　　｛…｝表达式 1 和表达式 3 都是一个逗号表达式。

c 语言中的 for 语句书写灵活，功能较强。在 for 后的一对圆括号中，允许出现各种形式的与循环控制无关的表达式，虽然这在语法上是合法的，但这样会降低程序的可读性。建议初学者在编写程序时，在 for 后面的一对圆括号内，仅含有能对循环进行控制的表达式，其他的操作尽量放在循环体内去完成。

例 5.5　编写程序，求 1＋2＋3＋…＋100。

这是一个求 100 个数的累加和问题。加数从 1 变化到 100，可以看到是有规律变化的，后一个加数比前一个加数增 1，第一个加数为 1，最后一个加数为 100。因此可以在循环中使用一个整型变量 i，每循环一次使 i 增 1，一直循环到 i 的值超过 100，用这个办法就解决了所需的加数问题。但要特别注意的是，变量 i 需要有一个正确的初值，在这里它的初值应当设定为 1。

下一个要解决的是求累加和。定义一个变量 sum 来存放这 100 个数的和值，就像人们手工求和数时的规律相似，可以先求 0+1 的和数并放在 sum 中，再把 sum 中的数加上 2 存放在 sum 中，以此类推，这和人们心算的过程没什么区别。

以下就是完成所要求操作的程序。这是求累加的典型算法。

```
#include <stdio. h>
main (   )
{int i, sum;
sum=0;        /* sum 的初值为 0 */
for (i=l; i<=100; i++)      /* 当 i 小于或等于 100 时执行循环体 */
sum+=i;         /* 在循环体中累加 i 一次 */
printf ("sum=%d \ n", sum);
} 以下是程序运行后的输出结果：
sum=5050
```

注意：

（1）如果在第一次进入循环时，for 后面圆括号内第二个表达式的值为 0，则循环体一次也不执行。在本程序中，如果 i 的初值大于 100，将使表达式 i<=100 的值为 0，循环体语句 sum+=i；一次也不执行。

（2）在循环中一定要有使循环趋向结束的操作，以上循环体内 for 语句中第三个表达式 i++ 使 i 不断增 1，当 i>100 时，循环结束。如果没有 i++ 这一表达式，则 i 的值始终不变，循环将无限进行下去。

（3）在 for 语句中，第二个表达式 i<=100 不能写成 i<100，这样所求的是 1 到 99 的和值，不包括 100。但可以写成 i<101，这和 i<=100 是等价的条件表达式。

例 5.6 编写程序，计算半径为 0.5 mm、1.0 mm、1.5 mm、2.0 mm、2.5 mm 时的圆面积。

本例要求计算 5 个不同半径的圆的面积，且半径值的变化是有规律的，从 0.5mm 按增 0.5 mm 的规律递增，可直接用半径 r 作为 for 循环控制变量，每循环一次使 r 增 0.5，直到 r 大于 2.5 为止。

程序如下：

```
#include <stdio. h>
main ( )
{double r, s, Pi=3. 1416;
for (r=0.5  ; r<=2.5  ; r+=0.5)
{S=Pi * r * r;        /* 计算圆面积 s 的值 */
printf ("r=%3. 1f s=%f \ n", r, s);
}
}
```

以下是程序运行后的输出结果：

r＝ 0.5　　s＝0.785400

r＝1.0　　s＝3.141600

r＝ 1.5　　s＝7.068600

r＝ 2.0　　s＝ 12.566400

r＝ 2.5　　s＝ 19.635000

程序中变量 r 既用作循环控制变量，又是半径的值，它的值由 0.5 变化到 2.5，循环体共执行 5 次，当 r 增到 3.0 时，条件表达式"r＜＝2.5"的值为 0，从而退出循环。

5.4　嵌套的循环结构

在一个循环体内又完整地包含了另一个循环，称为循环嵌套。前面介绍的三种类型的循环都可以互相嵌套，循环的嵌套可以多层，但每一层循环在逻辑上必须是完整的。

在编写程序时，循环嵌套的书写要采用缩进形式，像以下例题程序中所示，内循环中的语句应该比外循环中的语句有规律地向右缩进 2～4 列，这样的程序层次分明，易于阅读。

例 5.7　使用双层 for 循环打印如下由星号组成的倒三角图形：

```
* * * * * * *
 * * * * *
  * * *
    *
```

程序如下：

```
#include <stdio.h>
main ()
{int k, i, j;
   for (i=0; i<4; i++)
     { for (k= 1; k<=i; k++) printf ("  ");
        for (j=0; j<7-i*2; j++) printf ("*");
     printf (" \n");
     }
}
```

以上程序中，由 i 控制的 for 循环中内嵌了两个平行的 for 循环。由 k 控制的 for 循环体只有一个语句，用来输出一个空格。由 j 控制的 for 循环体也只有一个语句，用来输出一个星号。

当 i 等于 0 时，由 k 控制的 for 循环，因为 k 的值为 1，表达式 k<=i 的值为 0，循环体一次也不执行，接着执行由 j 控制的 for 循环体，这时 7－i＊2 的值为 7，因此连续输出 7 个星号；当 i 等于 1 时，由 k 控制的 for 循环体执行一次，输出一个空格，7－i＊2 的值为 5，连续输出 5 个星号；其他以此类推。

请注意，以上内嵌的两个 for 循环的循环结束条件都和外循环的控制变量 i 有关。

表 5.1 中列出了以上双重循环中 i、k 和 j 值的变化规律。

表 5.1 双重循环中 i、k 和 j 值的变化规律

	k 的变化	j 的变化
i＝0	1	0，1，2，3，4，5，6，7
i＝1	1，2	0，1，2，3，4，5
i＝2	1，2，3	0，1，2，3
i＝3	1，2，3，4	0，1
1＝4	(当 i 等于 4 时退出循环)	

例 5.8 编写程序，找出 2～100 以内的所有质数（素数）。

按照质数的定义，如果一个数只能被 1 和它本身整除，则这个数是质数。反过来说，如果一个数 i 能被 2 到 i－1 之间的某个数整除，则这个数 i 就不是质数。程序中需要用双重循环来处理。外层循环 i 从 2 到 100，内层循环判断每个 i 是否是质数。为此设置一个变量 tag 作为标识，在进入内循环判断 i 的每个值之前，置初值为 0，在内循环中若 i％k 的值为 0 时，就是 i 能被 2 到 i－1 之间的某个数整除，则 tag 赋 1，内循环结束后，判断 tag 是否为 0，若为 0，则 i 为质数，打印出 lo

程序如下：

```
#include <stdio.h>
main ( )
{ int k, i, tag;
for (i=2; i<=100; i++)
{ tag=0;
for (k=2; k<i; k++)
if (j0－/ok==0) tag=l;
if (tag==0) printf ("%d, ", i);
}
}
```

运行结果如下：

2，3，5，7，11，13，17，19，23，29，31，37，41，43，47，53，59，61，67，71，73，79，83，89，97，

此程序中双重循环外层循环次数是 99，内层循环次数是 0、1、2、…、9、8，因此可以知道循环体语句 if (j％k==0) tag=1；中的表达式：i％k==0 共执行了 99＊98/2＝4851 次！此程序的执行效率是否可以改进呢？首先外层循环 for (i=2；i<=100；1++)

中，除了 2，其余偶数肯定不是素数，只需要判断奇数 3、5、7、…、99 是否是素数即可，因此外循环可以改为：for（i＝3；i<＝100；i＋＝2）。再看内循环 for（k＝2；k<i；k＋＋），其实只要判断到 i 不能被其平方根整除，就不需继续判断下去。其次，若 if（j%k＝＝0）成立，tag 为 1，说明 i 不是素数，就没有必要继续循环判断下去。因此内循环改为 for（k＝2；tag＝＝0&&k<sqrt（i）；k＋＋）。由此得到改进后的程序如下。

```
＃include <stdio. h>
＃include <math. h>
maln　、)
{int k, i, tag;
printf (¨2, ¨);
for (i＝3；i<＝100；i＋＝2)
{ tag＝0；
for (k＝2；tag＝＝0&&k<sqrt (i)；k＋＋)
if (j%k＝＝O) tag＝1;
if (tag＝＝O) printf (¨%d, ¨, i);
}
}
```

运行结果与改进前的程序相同，但循环次数已减少到只有 184 次！

5.5　break 和 continue 语句的使用

5.5.1　break 语句

用 break 语句可以使流程跳出 switch 语句体，也可用 break 语句在循环结构中终止本层循环体，从而提前结束本层循环。

例 5.9　计算 s＝1＋2＋3＋…＋i，直到累加到 s 大于 5000 为止，并给出 s 和 i 的值。

```
＃include <stdio. h>
main ()
{int i, s;
s＝0:
for (i＝1;; i＋＋)
{S＝S＋1；
if (s>5000) break;
```

```
}
printf (" s=%d, i=%d \ n", s, i);
;
```

程序的输出结果如下：

$$s=5050, i=100$$

这是在循环体中使用 break 语句的示例。上例中，如果没有 break 语句，程序将无限循环下去，成为死循环。但当 l=100 时，s 的值为 $100*101/2=5050$，if 语句中的条件表达式：s>5000 为"真"（值为 1），于是执行 break 语句，跳出 for 循环，从而终止循环。

break 语句的使用说明：

（1）只能在循环体内和 switch 语句体内使用 break 语句。

（2）当 break 出现在循环体中的 switch 语句体内时，其作用只是跳出该 switch 语句体，并不能中止循环体的执行。若想强行中止循环体的执行，可以在循环体中，但并不在 switch 语句中设置 break 语句，满足某种条件则跳出本层循环体。

5.5.2 continue 语句

continue 语句的作用是跳过本次循环体中余下尚未执行的语句，立刻进行下一次的循环条件判定，可以理解为仅结束本次循环。注意：执行 continue 语句并没有使整个循环终止。

在 while 和 do—while 循环中，continue 语句使得流程直接跳到循环控制条件的测试部分，然后决定循环是否继续进行 c 在 for 循环中，遇到 continue 后，跳过循环体中余下的语句，而去对 for 语句中的"表达式 3"求值，然后进行"表达式 2"的条件测试，最后根据"表达式 2"的值来决定 for 循环是否执行。在循环体内，不论 continue 是作为何种语句中的语句成分，都将按上述功能执行，这点与 break 有所不同 c

例 5.10 在循环体中 continue 语句执行示例。

```
#include <stdio. h>
main ( )
{int k=0, s=0, i;
for (i=1; l<=5; i++)
{S=S+i;
if (s>5)
{printf ("* * * * i=%d, s=%d, k=%d \ n", i, s, k);    /*1#输出语句*/
continue;
}
k=k+s;
printf (" i=%d, s=%d, k=%d \ n", i, s, k);      /*2#输出语句*/
```

```
   }
   }
```

运行结果如下：

i =1，s=1，k=1

i=2，s=3，k=4

＊＊＊＊i=3，s=6，k=4

＊＊＊＊i=4，S=　10，k=4

＊＊＊＊i=5，S=　15，k=4

　　程序运行时，当 i 为 1 和 2 时，由于条件表达式 s>5 为假，不执行 if 子句，仅执行 k=k+s；和 2♯输出语句；执行第三次循环时，s 的值已是 6，这时表达式 s>5 的值为真，因此执行 if 分支中的 1♯输出语句和 continue 语句，并跳过其后的 k=k+s；语句和 2♯输出语句；接着执行 for 后面括号中的 i++，继续执行下一次循环。由输出结果可见，后面三次循环中 k 的值没有改变。

5.6　程序举例

　　例 5.11　从输入的若干个正整数中选出最大值，用 -1 结束输入。

　　在程序的第一个 do－while 循环中，要求输入一个大于零的数或输入一个－1 放入 x 中，不满足此条件时，循环继续不断要求输入一个数，直到满足条件为止。退出 do－while 循环后，若 x 中的数为－1，不进入下面的 while 循环，程序运行结束。若 x 中的数不是－1，进入下面的 while 循环。用变量 max 存放最大值。在 while 循环中每给变量 x 读入一个值，就去判断它是否大于 0。并且大于 max，若是，则用新的 x 值替换 max 原来的值；否则什么也不做。如此循环，直到读入结束标志－1 为止。最后输出所求得的最大数。

　　程序如下：

```
♯include <stdio.h>
main ()
{ int x，max;
printf ("Enter－1 to end：\n" );
do
{printf ("Enter x："); scanf ("%d"，&x);
} while (x<0&&x! =－1);
max=x;
while (x! =－1)
{printf ("Enter x："); scanf ("%d"，&x);
```

if (x>0&&x>max) max=x;　　　/*max 始终存放大于零的最大值*/

}

if (max! =−1) printf ("max=%d \ n", max);

}

当输入以下数据时:

24　　−6　　18　　12　　−9　　45　　12　　42　　−1

输出结果如下:

max=45

例 5.12 用迭代法求某数 a 的平方根。已知求平方根的迭代公式为:

$$x_1 = \frac{1}{2}(x_0 + \frac{a}{x_0})$$

利用以上迭代公式求 a 的平方根的算法步骤如下:

(1) 可自定一个值给 x0 作为初值,在此,取 a/2 作为 x0 的初值,利用迭代公式:x1=(x0+a/x0)/2 求出一个 x1。

(2) 把新求得的 x1 的值赋给 x0,准备用此新的 x0 再去求出一个新的 x1。

(3) 利用迭代公式再求出一个新的 x1 值,也就是用新的 x0 又求出了一个新的平方根值 x1,此值将更趋近真正的平方根值。

(4) 比较前后两次所求的平方根值 x0 和 x1,若它们之间的误差小于或等于指定的 10^{-6},则认为 x1 就是 a 的平方根值,去执行步骤 (5);若它们之间的误差大于 10^{-6},则再转去执行步骤 (2),即继续循环进行迭代。

(5) 输出 a 的平方根值。

程序如下:

```
#inClude <stdio. h>
#include<math. h>
main ()
{float a, x0, x1;
printf (" \ nInput a: "); scanf ("%f", &a);
if ( a<0)
printf ("error! \ n");        /*不能求负数的平方根*/
else
{x0=a/2:
x1 =  ( x0+a/x0) /2;
do
{ x0  =x1;
x1 =  (x0+a/x0) /2:
}
while (fabs (x0 −x1) >1e−6);
```

```
printf ("sqrt（%f）＝%f 标准 sqrt（%f）＝%f \ n", a，x1，a，sqrt（a）);
    }
}
```

执行以上程序，给 a 输入 3 时，将输出以下结果：

Input a：3

sqrt（3.000000）＝1.732051 标准 sqrt（3.000000）＝1.732051

可以看到，此程序的结果和标准平方根函数 sqrt 的结果基本没有差异。

练习题

一、选择题

1. 有以下程序段：

```
int k，j，s；
for （ k＝2；k＜6；k++，k++)
{s=1;
for (j=k；j＜6；j++) s+=J;
}
printf ("%d \ n", s)；
```

程序段的输出结果是

A. 9   B. 1   C. 11   D. 10

2. 有以下程序段：

```
int i，j，m＝0；
for (i=1；i＜=15；i+=4)
for (j=39j＜=19；j+=4) m++，
printf ("%d \ n", m)；
```

程序段的输出结果是

A. 12   B. 15   C. 20   D. 25

3. 有以下程序段：

```
int x＝3；
do
{    printf ("%3d", x-＝2)；
}
while (! (--x))；
```

程序段的输出结果是

A. 1   B. 30   C. 1-2   D. 死循环

4. 有以下程序：

```
#include <stdio. h>
main (
{int i, sum;
for (i=1; i<6; 1++) sum+=sum;
printf ("%d \ n", sum);
}
```

程序的输出结果是

A. 15   B. 14   C. 不确定   D· 0

二、填空题

1. 当执行以下程序段后，i 的值是（　　）、j 的值是（　　）、k 的值是（　　）。

```
int a, b, c, d, i, j, k;
a=10; b=c=d=5; i=j=k=0;
for ( ; a>b; ++b) i++;
while (a>++c) j++;
do k++; while (a>d++);
```

2. 以下程序段的输出结果是（　　）。

```
int k, n, m;
n= 10; m=1; k=1;
while (k++<=n) m *=2;
printf ("%d \ n", m);
```

三、编程题

1. 编写程序，求 1—3＋5—7＋…—99＋101 的值。

2. 编写程序，输出从公元 2000 年至公元 3000 年所有闰年的年号，每输出 10 个年号换一行。判断公元年是否为闰年的条件是：

（1）公元年数如能被 4 整除，而不能被 100 整除，则是闰年。

（2）公元年数能被 400 整除也是闰年。

第6章 数据类型、运算符与表达式

6.1 c语言的数据类型

在第一章中，我们已经看到程序中使用的各种变量都应预先加以定义，即先定义，后使用。对变量的定义可以包括三个方面：

（1）数据类型

（2）存储类型

（3）作用域

在本章中，我们只介绍数据类型的说明。其他说明在以后各章中陆续介绍。所谓数据类型是按被定义变量的性质，表示形式，占据存储空间的多少，构造特点来划分的。在 C 语言中，数据类型可分为：基本数据类型，构造数据类型，指针类型，空类型四大类。

6.1.1 基本数据类型

基本数据类型最主要的特点是，其值不可以再分解为其他类型。也就是说，基本数据类型是自我说明的。

6.1.2 构造数据类型

构造数据类型是根据已定义的一个或多个数据类型用构造的方法来定义的。也就是说，一个构造类型的值可以分解成若干个"成员"或"元素"。每个"成员"都是一个基本数据类型或又是一个构造类型。在 c 语言中，构造类型有以下几种：

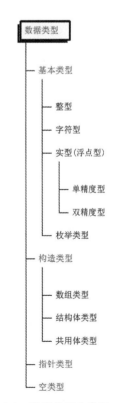

图 6.1　数据的四大类型

（1）数组类型

（2）结构体类型

（3）共用体（联合）类型

6.1.3 指针类型

指针是一种特殊的，同时又是具有重要作用的数据类型。其值用来表示某个变量在内存储器中的地址。虽然指针变量的取值类似于整型量，但这是两个类型完全不同的量，因此不能混为一谈。

6.1.4 空类型

在调用函数值时，通常应向调用者返回一个函数值。这个返回的函数值是具有一定的数据类型的，应在函数定义及函数说明中给以说明，例如在例题中给出的 max 函数定义中，函数头为：int max（int a，int b）；其中"int"类型说明符即表示该函数的返回值为整型量。又如在例题中，使用了库函数 sin，由于系统规定其函数返回值为双精度浮点型，因此在赋值语句 s＝sin（x）；中，s 也必须是双精度浮点型，以便与 sin 函数的返回值一致。所以在说明部分，把 s 说明为双精度浮点型。但是，也有一类函数，调用后并不需要向调用者返回函数值，这种函数可以定义为"空类型"。其类型说明符为 void。在后面函数中还要详细介绍。

在本章中，我们先介绍基本数据类型中的整型、浮点型和字符型。其余类型在以后各章中陆续介绍。

6.2 常量与变量

对于基本数据类型量，按其取值是否可改变又分为常量和变量两种。在程序执行过程中，其值不发生改变的量称为常量，其值可变的量称为变量。它们可与数据类型结合起来分类。例如，可分为整型常量、整型变量、浮点常量、浮点变量、字符常量、字符变量、枚举常量、枚举变量。在程序中，常量是可以不经说明而直接引用的，而变量则必须先定义后使用。

整型量包括整型常量、整型变量。

6.2.1 常量和符号常量

在程序执行过程中，其值不发生改变的量称为常量。

（1）直接常量（字面常量）：

整型常量：12、0、－3；

实型常量：4.6、－1.23；

字符常量：'a'、'b'。

（2）标识符：用来标识变量名、符号常量名、函数名、数组名、类型名、文件名的有效字符序列。

（3）符号常量：用标示符代表一个常量。在 C 语言中，可以用一个标识符来表示一个常量，称之为符号常量。

符号常量在使用之前必须先定义，其一般形式为：

$$\#define\ 标识符\quad 常量$$

其中＃define 也是一条预处理命令（预处理命令都以"＃"开头），称为宏定义命令（在后面预处理程序中将进一步介绍），其功能是把该标识符定义为其后的常量值。一经定义，以后在程序中所有出现该标识符的地方均代之以该常量值。

（4）习惯上符号常量的标识符用大写字母，变量标识符用小写字母，以示区别。

例 6.1 符号常量的使用。

```
＃define PRICE 30
main ()
{
int num，total；
num＝10；
total＝num * PRICE；
printf（"total＝%d"，total）；
}
```

（1）用标识符代表一个常量，称为符号常量。

（2）符号常量与变量不同，它的值在其作用域内不能改变，也不能再被赋值。

（3）使用符号常量的好处是：

含义清楚；

能做到"一改全改"。

6.2.2 变量

其值可以改变的量称为变量。一个变量应该有一个名字，在内存中占据一定的存储单元。变量定义必须放在变量使用之前。一般放在函数体的开头部分。要区分变量名和变量值是两个不同的概念，如图 6—2 所示。

图 6.2 变量名和变量值的概念区分图

6.3 整型数据

6.3.1 整型常量的表示方法

整型常量就是整常数。在 C 语言中，使用的整常数有八进制、十六进制和十进制三种。

（1）十进制整常数：十进制整常数没有前缀。其数码为 0～9。

以下各数是合法的十进制整常数：

$$237、-568、65535、1627；$$

以下各数不是合法的十进制整常数：

$$023（不能有前导 0）、23D（含有非十进制数码）。$$

在程序中是根据前缀来区分各种进制数的。因此在书写常数时不要把前缀弄错造成结果不正确。

（2）八进制整常数：八进制整常数必须以 0 开头，即以 0 作为八进制数的前缀。数码取值为 0～7。八进制数通常是无符号数。

以下各数是合法的八进制数：

$$015（十进制为 13）、0101（十进制为 65）、0177777（十进制为 65535）；$$

以下各数不是合法的八进制数：

$$256（无前缀 0）、03A2（包含了非八进制数码）、-0127（出现了负号）。$$

（3）十六进制整常数：十六进制整常数的前缀为 0X 或 0x。其数码取值为 0～9，A～F 或 a～f。

以下各数是合法的十六进制整常数：

$$0X2A（十进制为 42）、0XA0（十进制为 160）、0XFFFF（十进制为 65535）；$$

以下各数不是合法的十六进制整常数：

$$5A（无前缀 0X）、0X3H（含有非十六进制数码）。$$

（4）整型常数的后缀：在 16 位字长的机器上，基本整型的长度也为 16 位，因此表示的数的范围也是有限定的。十进制无符号整常数的范围为 0～65535，有符号数为 -32768～+32767。八进制无符号数的表示范围为 0～0177777。十六进制无符号数的表示范围为 0X0～0XFFFF 或 0x0～0xFFFF。如果使用的数超过了上述范围，就必须用长整型数来表示。长整型数是用后缀"L"或"l"来表示的。

例如：

十进制长整常数：

158L（十进制为 158）、358000L（十进制为 358000）；

八进制长整常数：

012L（十进制为 10）、077L（十进制为 63）、0200000L（十进制为 65536）；

十六进制长整常数：

0X15L（十进制为 21）、0XA5L（十进制为 165）、0X10000L（十进制为 65536）。

长整数 158L 和基本整常数 158 在数值上并无区别。但对 158L，因为是长整型量，C 编译系统将为它分配 4 个字节存储空间。而对 158，因为是基本整型，只分配 2 个字节的存储空间。因此在运算和输出格式上要予以注意，避免出错。

无符号数也可用后缀表示，整型常数的无符号数的后缀为"U"或"u"。

例如：

358u，0x38Au，235Lu 均为无符号数。

前缀，后缀可同时使用以表示各种类型的数。如 0XA5Lu 表示十六进制无符号长整数 A5，其十进制为 165。

6.3.2　整型变量

1. 整型数据在内存中的存放形式

如果定义了一个整型变量 i：

int i；

i＝10；

| 0 | 0 | 0 | 0 | 0 | 0 | 0 | 0 | 0 | 0 | 0 | 0 | 1 | 0 | 1 | 0 |

数值是以补码表示的：

（1）正数的补码和原码相同；

（2）负数的补码：将该数的绝对值的二进制形式按位取反再加 1。

例如：

求－10 的补码：

10 的原码：

| 0 | 0 | 0 | 0 | 0 | 0 | 0 | 0 | 0 | 0 | 0 | 0 | 1 | 0 | 1 | 0 |

取反：

| 1 | 1 | 1 | 1 | 1 | 1 | 1 | 1 | 1 | 1 | 1 | 1 | 0 | 1 | 0 | 1 |

再加 1，得－10 的补码：

| 1 | 1 | 1 | 1 | 1 | 1 | 1 | 1 | 1 | 1 | 1 | 1 | 0 | 1 | 1 | 0 |

由此可知，左面的第一位是表示符号的。

2. 整型变量的分类

（1）基本型：类型说明符为 int，在内存中占 2 个字节。

（2）短整量：类型说明符为 short int 或 short。所占字节和取值范围均与基本型相同。

（3）长整型：类型说明符为 long int 或 long，在内存中占 4 个字节。

（4）无符号型：类型说明符为 unsigned。

无符号型又可与上述三种类型匹配而构成：

（1）无符号基本型：类型说明符为 unsigned int 或 unsigned。

（2）无符号短整型：类型说明符为 unsigned short。

（3）无符号长整型：类型说明符为 unsigned long。

各种无符号类型量所占的内存空间字节数与相应的有符号类型量相同。但由于省去了符号位，故不能表示负数。

有符号整型变量：最大表示 32767

0	1	1	1	1	1	1	1	1	1	1	1	1	1	1	1

无符号整型变量：最大表示 65535

1	1	1	1	1	1	1	1	1	1	1	1	1	1	1	1

下表 6.1 列出了 Turbo C 中各类整型量所分配的内存字节数及数的表示范围。

表 6.1　Turbo C 中各类整型量所分配的内存字节数及数的表示范围

类型说明符	数的范围	字节数
int	$-32768 \sim 32767$　　即 $-2^{15} \sim (2^{15}-1)$	2
unsigned int	$0 \sim 65535$　　即 $0 \sim (2^{16}-1)$	2
short int	$-32768 \sim 32767$　　即 $-2^{15} \sim (2^{15}-1)$	2
unsigned short int	$0 \sim 65535$　　即 $0 \sim (2^{16}-1)$	2
long int	$-2147483648 \sim 2147483647$　　即 $-2^{31} \sim (2^{31}-1)$	4
unsigned long	$0 \sim 4294967295$　　即 $0 \sim (2^{32}-1)$	4

以 13 为例：

int 型：

00	00	00	00	00	00	11	01

short int 型：

00	00	00	00	00	00	11	01

long int 型：

00	00	00	00	00	00	00	00	00	00	00	00	00	00	11	01

unsigned int 型：

00	00	00	00	00	00	11	01

unsigned short int 型：

00	00	00	00	00	00	11	01

unsigned long int 型：

00	00	00	00	00	00	00	00	00	00	00	00	00	00	11	01

3. 整型变量的定义

变量定义的一般形式为：

        类型说明符　变量名标识符，变量名标识符，…；

例如：

int a，b，c；（a，b，c 为整型变量）

long x，y；（x，y 为长整型变量）

unsigned p，q；（p，q 为无符号整型变量）

在书写变量定义时，应注意以下几点：

（1）允许在一个类型说明符后，定义多个相同类型的变量。各变量名之间用逗号间隔。类型说明符与变量名之间至少用一个空格间隔。

（2）最后一个变量名之后必须以“；”号结尾。

（3）变量定义必须放在变量使用之前。一般放在函数体的开头部分。

例 6.2 整型变量的定义与使用。

main（）

{

int a，b，c，d；

unsigned u；

a＝12；b＝−24；u＝10；

c＝a＋u；d＝b＋u；

printf（"a＋u＝%d，b＋u＝%d \ n"，c，d）；

}

4. 整型数据的溢出

例 6.3 整型数据的溢出。

main（）

{

```
int a，b；
a＝32767；
b＝a+1；
printf（"%d,%d\n"，a，b）；
}
```

32767：

0	1	1	1	1	1	1	1	1	1	1	1	1	1	1	1

-32768

1	0	0	0	0	0	0	0	0	0	0	0	0	0	0	0

例 6.4

```
main（）{
long x，y；
int a，b，c，d；
x＝5；
y＝6；
a＝7；
b＝8；
c＝x+a；
d＝y+b；
printf（" c=x+a=%d, d=y+b=%d\n"，c，d）；
}
```

从程序中可以看到：x，y是长整型变量，a，b是基本整型变量。它们之间允许进行运算，运算结果为长整型。但c，d被定义为基本整型，因此最后结果为基本整型。本例说明，不同类型的量可以参与运算并相互赋值。其中的类型转换是由编译系统自动完成的。有关类型转换的规则将在以后介绍。

6.4 实型数据

6.4.1 实型常量的表示方法

实型也称为浮点型。实型常量也称为实数或者浮点数。在C语言中，实数只采用十进制。它有二种形式：十进制小数形式，指数形式。

（1）十进制数形式：由数码 0～9 和小数点组成。

例如：

0.0、25.0、5.789、0.13、5.0、300.、－267.8230

等均为合法的实数。注意，必须有小数点。

（2）指数形式：由十进制数，加阶码标志"e"或"E"以及阶码（只能为整数，可以带符号）组成。

其一般形式为：

a E n（a 为十进制数，n 为十进制整数）

其值为 $a * 10^n$。

如：

2.1E5（等于 $2.1 * 10^5$）

3.7E－2（等于 $3.7 * 10^{-2}$）

0.5E7（等于 $0.5 * 10^7$）

－2.8E－2（等于 $-2.8 * 10^{-2}$）

以下不是合法的实数：

345（无小数点）

E7（阶码标志 E 之前无数字）

－5（无阶码标志）

53.－E3（负号位置不对）

2.7E　（无阶码）标准 C 允许浮点数使用后缀。后缀为"f"或"F"即表示该数为浮点数。如 356f 和 356. 是等价的。

例 6.5　说明了这种情况。

main（）{

printf（"%f \ n"，356.）；

printf（"%f \ n"，356）；

printf（"%f \ n"，356f）；

}

6.4.2　实型变量

1. 实型数据在内存中的存放形式

实型数据一般占 4 个字节（32 位）内存空间。按指数形式存储。实数 3.14159 在内存中的存放形式如下：

＋	.314159	1
数符	小数部分	指数

（1）小数部分占的位（bit）数愈多，数的有效数字愈多，精度愈高。

（2）指数部分占的位数愈多，则能表示的数值范围愈大。

2. 实型变量的分类

实型变量分为：单精度（float 型）、双精度（double 型）和长双精度（long double 型）三类。在 Turbo C 中单精度型占 4 个字节（32 位）内存空间，其数值范围为 3.4E−38～3.4E+38，只能提供七位有效数字。双精度型占 8 个字节（64 位）内存空间，其数值范围为 1.7E−308～1.7E+308，可提供 16 位有效数字，如表 6.2 所示。

表 6.2　实型变量分类

类型说明符	比特数（字节数）	有效数字	数的范围
float	32（4）	6～7	$10^{-37} \sim 10^{38}$
double	64（8）	15～16	$10^{-307} \sim 10^{308}$
long double	128（16）	18～19	$10^{-4931} \sim 10^{4932}$

实型变量定义的格式和书写规则与整型相同。

例如：

float x，y；（x，y 为单精度实型量）

double a，b，c；（a，b，c 为双精度实型量）

3. 实型数据的舍入误差

由于实型变量是由有限的存储单元组成的，因此能提供的有效数字总是有限的。如下例。

例 6.6　实型数据的舍入误差。

```
main（）
{float a，b；
a=123456.789e5；
b=a+20
printf（"%f\n"，a）；
printf（"%f\n"，b）；
}
```

注意：1.0/3*3 的结果并不等于 1。

例 6.7

```
main（）
{
float a；
double b；
a=33333.33333；
b=33333.33333333333333；
printf（"%f\n%f\n"，a，b）；
}
```

（1）从本例可以看出，由于 a 是单精度浮点型，有效位数只有七位。而整数已占五位，故小数二位后之后均为无效数字。

（2）b 是双精度型，有效位为十六位。但 Turbo C 规定小数后最多保留六位，其余部分四舍五入。

6.4.3　实型常数的类型

实型常数不分单、双精度，都按双精度 double 型处理。

6.5　字符型数据

字符型数据包括字符常量和字符变量。

6.5.1　字符常量字符常量是用单引号括起来的一个字符。

例如：

'a'、'b'、'='、'+'、'?'

都是合法字符常量。

在 C 语言中，字符常量有以下特点：

（1）字符常量只能用单引号括起来，不能用双引号或其他括号。

（2）字符常量只能是单个字符，不能是字符串。

（3）字符可以是字符集中任意字符。但数字被定义为字符型之后就不能参与数值运算。如'5'和 5 是不同的。'5'是字符常量，不能参与运算。

6.5.2　转义字符

转义字符是一种特殊的字符常量。转义字符以反斜线" \ " 开头，后跟一个或几个字符。转义字符具有特定的含义，不同于字符原有的意义，故称"转义"字符。例如，在前面各例题 printf 函数的格式串中用到的" \ n"就是一个转义字符，其意义是"回车换行"。转义字符主要用来表示那些用一般字符不便于表示的控制代码。如表 6.3 所示。

表 6.3　常用的转义字符及其含义

转义字符	转义字符的意义	ASCII 代码
\ n	回车换行	10
\ t	横向跳到下一制表位置	9
\ b	退格	8
\ r	回车	13
\ f	走纸换页	12
\ \	反斜线符" \ "	92
\ '	单引号符	39
\ "	双引号符	34
\ a	鸣铃	7
\ ddd	1～3 位八进制数所代表的字符	
\ xhh	1～2 位十六进制数所代表的字符	

　　广义地讲，C 语言字符集中的任何一个字符均可用转义字符来表示。表中的 \ ddd 和 \ xhh 正是为此而提出的。ddd 和 hh 分别为八进制和十六进制的 ASCII 代码。如 \ 101 表示字母" A"，\ 102 表示字母" B"，\ 134 表示反斜线，\ XOA 表示换行等。

　　例 6.8　转义字符的使用。

```
main （）
{
int a，b，c；
a＝5；b＝6；c＝7；
printf （" ab c \ tde \ rf \ n"）；
printf （"hijk \ tL \ bM \ n"）；
}
```

6.5.3　字符变量字符变量用来存储字符常量，即单个字符。

　　字符变量的类型说明符是 char。字符变量类型定义的格式和书写规则都与整型变量相同。例如：

　　char a，b；

6.5.4　字符数据在内存中的存储形式及使用方法

　　每个字符变量被分配一个字节的内存空间，因此只能存放一个字符。字符值是以 ASCII 码的形式存放在变量的内存单元之中的。

　　如 x 的十进制 ASCII 码是 120，y 的十进制 ASCII 码是 121。对字符变量 a，b 赋予'x' 和'y'值：

a＝′x′；

b＝′y′；

实际上是在 a，b 两个单元内存放 120 和 121 的二进制代码：

a：

0	1	1	1	1	0	0	0

b：

0	1	1	1	1	0	0	1

所以也可以把它们看成是整型量。C 语言允许对整型变量赋以字符值，也允许对字符变量赋以整型值。在输出时，允许把字符变量按整型量输出，也允许把整型量按字符量输出。

整型量为二字节量，字符量为单字节量，当整型量按字符型量处理时，只有低八位字节参与处理。

例 6.9 向字符变量赋以整数。

```
main（）
{
char a，b；
a＝120；
b＝121；
printf（"％c,％c \ n"，a，b）；
printf（"％d,％d \ n"，a，b）；
}
```

本程序中定义 a，b 为字符型，但在赋值语句中赋以整型值。从结果看，a，b 值的输出形式取决于 printf 函数格式串中的格式符，当格式符为" c" 时，对应输出的变量值为字符，当格式符为" d" 时，对应输出的变量值为整数。

例 6.10

```
main（）
{
char a，b；
a＝′a′；
b＝′b′；
a＝a－32；
b＝b－32；
printf（"％c,％c \ n％d,％d \ n"，a，b，a，b）；
}
```

本例中，a，b被说明为字符变量并赋予字符值，C语言允许字符变量参与数值运算，即用字符的ASCII码参与运算。由于大小写字母的ASCII码相差32，因此运算后把小写字母换成大写字母。然后分别以整型和字符型输出。

6.5.5 字符串常量

字符串常量是由一对双引号括起的字符序列。例如："CHINA"，"C program"，"$12.5"等都是合法的字符串常量。

字符串常量和字符常量是不同的量。它们之间主要有以下区别：

（1）字符常量由单引号括起来，字符串常量由双引号括起来。

（2）字符常量只能是单个字符，字符串常量则可以含一个或多个字符。

（3）可以把一个字符常量赋予一个字符变量，但不能把一个字符串常量赋予一个字符变量。在C语言中没有相应的字符串变量。这是与BASIC语言不同的。但是可以用一个字符数组来存放一个字符串常量。在数组一章内予以介绍。

（4）字符常量占一个字节的内存空间。字符串常量占的内存字节数等于字符串中字节数加1。增加的一个字节中存放字符"\0"（ASCII码为0）。这是字符串结束的标志。

例如：

字符串"C program"在内存中所占的字节为：

字符常量'a'和字符串常量"a"虽然都只有一个字符，但在内存中的情况是不同的。

'a'在内存中占一个字节，可表示为：

a

"a"在内存中占二个字节，可表示为：

6.6 变量赋初值与强制类型转换

6.6.1 变量赋初值

在程序中常常需要对变量赋初值，以便使用变量。语言程序中可有多种方法为变量提供初值。本小节先介绍在作变量定义的同时给变量赋以初值的方法。这种方法称为初始化。在变量定义中赋初值的一般形式为：

类型说明符 变量1＝值1，变量2＝值2，……；例如：

int a＝3；

int b，c＝5；

float x＝3.2，y＝3f，z＝0.75；

char ch1＝'K'，ch2＝'P'；

应注意，在定义中不允许连续赋值，如 a＝b＝c＝5 是不合法的。

例 6.11

main （）

{

int a＝3，b，c＝5；

b＝a＋c；

printf （" a＝%d，b＝%d，c＝%d \ n"，a，b，c）；

}

变量的数据类型是可以转换的。转换的方法有两种，一种是自动转换，一种是强制转换。自动转换发生在不同数据类型的量混合运算时，由编译系统自动完成。自动转换遵循以下规则：

（1）若参与运算量的类型不同，则先转换成同一类型，然后进行运算。

（2）转换按数据长度增加的方向进行，以保证精度不降低。如 int 型和 long 型运算时，先把 int 量转成 long 型后再进行运算。

（3）所有的浮点运算都是以双精度进行的，即使仅含 float 单精度量运算的表达式，也要先转换成 double 型，再作运算。

（4）char 型和 short 型参与运算时，必须先转换成 int 型。

（5）在赋值运算中，赋值号两边量的数据类型不同时，赋值号右边量的类型将转换为左边量的类型。如果右边量的数据类型长度左边长时，将丢失一部分数据，这样会降低精度，丢失的部分按四舍五入向前舍入。

下图 6－3 表示了类型自动转换的规则。

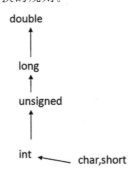

图 6.3 类型自动转换的规则图

例 6.12

```
main () {
float PI=3.14159;
int s, r=5;
s=r*r*PI;
printf (" s=%d \ n", s);
}
```

本例程序中，PI 为实型；s，r 为整型。在执行 s＝r＊r＊PI 语句时，r 和 PI 都转换成 double 型计算，结果也为 double 型。但由于 s 为整型，故赋值结果仍为整型，舍去了小数部分。

6.6.2 强制类型转换

强制类型转换是通过类型转换运算来实现的。

其一般形式为：

（类型说明符）　　（表达式）

其功能是把表达式的运算结果强制转换成类型说明符所表示的类型。

例如：

（float）a　　　　把 a 转换为实型

　　（int）（x＋y）　　　　把 x＋y 的结果转换为整型

在使用强制转换时应注意以下问题：

（1）类型说明符和表达式都必须加括号（单个变量可以不加括号），如把（int）（x＋y）写成（int）x＋y 则成了把 x 转换成 int 型之后再与 y 相加了。

（2）无论是强制转换或是自动转换，都只是为了本次运算的需要而对变量的数据长度进行的临时性转换，而不改变数据说明时对该变量定义的类型。

例 6.13

```
main () {
float f=5.75;
printf (" (int) f=%d, f=%f \ n", (int) f, f);
}
```

本例表明，f 虽强制转为 int 型，但只在运算中起作用，是临时的，而 f 本身的类型并不改变。因此，（int）f 的值为 5（删去了小数）而 f 的值仍为 5.75。

6.7　运算符和表达式

C 语言中运算符和表达式数量之多，在高级语言中是少见的。正是丰富的运算符和表达式使 C 语言功能十分完善。这也是 C 语言的主要特点之一。

C 语言的运算符不仅具有不同的优先级，而且还有一个特点，就是它的结合性。在表达式中，各运算量参与运算的先后顺序不仅要遵守运算符优先级别的规定，还要受运算符结合性的制约，以便确定是自左向右进行运算还是自右向左进行运算。这种结合性是其他高级语言的运算符所没有的，因此也增加了 C 语言的复杂性。

6.7.1　C 运算符简介

C 语言的运算符可分为以下几类：

1. 算术运算符

用于各类数值运算。包括加（＋）、减（－）、乘（＊）、除（/）、求余（或称模运算，%）、自增（＋＋）、自减（－－）共七种。

2. 关系运算符

用于比较运算。包括大于（＞）、小于（＜）、等于（＝＝）、大于等于（＞＝）、小于等于（＜＝）和不等于（！＝）六种。

3. 逻辑运算符

用于逻辑运算。包括与（＆＆）、或（｜｜）、非（！）三种。

4. 位操作运算符

参与运算的量，按二进制位进行运算。包括位与（＆）、位或（｜）、位非（～）、位异或（˄）、左移（＜＜）、右移（＞＞）六种。

5. 赋值运算符

用于赋值运算，分为简单赋值（＝）、复合算术赋值（＋＝，－＝，＊＝，/＝，%＝）和复合位运算赋值（＆＝，｜＝，˄＝，＞＞＝，＜＜＝）三类共十一种。

6. 条件运算符

这是一个三目运算符，用于条件求值（？:）。

7. 逗号运算符

用于把若干表达式组合成一个表达式（,）。

8. 指针运算符

用于取内容（＊）和取地址（＆）二种运算。

9. 求字节数运算符

用于计算数据类型所占的字节数（sizeof）。

10. 特殊运算符

有括号（()），下标（[]），成员（→，.）等几种。

6.7.2　算术运算符和算术表达式

1. 基本的算术运算符

(1) 加法运算符"＋"：加法运算符为双目运算符，即应有两个量参与加法运算。如 a

＋b，4＋8等。具有右结合性。

（2）减法运算符"－"：减法运算符为双目运算符。但"－"也可作负值运算符，此时为单目运算，如－x，－5等具有左结合性。

（3）乘法运算符"＊"：双目运算，具有左结合性。

（4）除法运算符"/"：双目运算具有左结合性。参与运算量均为整型时，结果也为整型，舍去小数。如果运算量中有一个是实型，则结果为双精度实型。

例6.14

```
main（）｛
printf（"\n\n%d,%d\n"，20/7，－20/7）；
printf（"%f,%f\n"，20.0/7，－20.0/7）；
｝
```

本例中，20/7，－20/7的结果均为整型，小数全部舍去。而20.0/7和－20.0/7由于有实数参与运算，因此结果也为实型。

求余运算符（模运算符）"％"：双目运算，具有左结合性。要求参与运算的量均为整型。求余运算的结果等于两数相除后的余数。

例6.15

```
main（）｛
printf（"%d\n"，100％3）；
｝
```

本例输出100除以3所得的余数1。

2.算术表达式和运算符的优先级和结合性

表达式是由常量、变量、函数和运算符组合起来的式子。一个表达式有一个值及其类型，它们等于计算表达式所得结果的值和类型。表达式求值按运算符的优先级和结合性规定的顺序进行。单个的常量、变量、函数可以看作是表达式的特例。

算术表达式是由算术运算符和括号连接起来的式子。

（1）算术表达式：用算术运算符和括号将运算对象（也称操作数）连接起来的、符合C语法规则的式子。

以下是算术表达式的例子：

a＋b

（a＊2）/c

（x＋r）＊8－（a＋b）/7

＋＋I

sin（x）＋sin（y）

（＋＋i）－（j＋＋）＋（k－－）

（2）运算符的优先级：C语言中，运算符的运算优先级共分为15级。1级最高，15级最低。在表达式中，优先级较高的先于优先级较低的进行运算。而在一个运算量两侧的运算符优先级相同时，则按运算符的结合性所规定的结合方向处理。

（3）运算符的结合性：C 语言中各运算符的结合性分为两种，即左结合性（自左至右）和右结合性（自右至左）。例如算术运算符的结合性是自左至右，即先左后右。如有表达式 x−y+z 则 y 应先与 "−" 号结合，执行 x−y 运算，然后再执行 +z 的运算。这种自左至右的结合方向就称为 "左结合性"。而自右至左的结合方向称为 "右结合性"。最典型的右结合性运算符是赋值运算符。如 x=y=z，由于 "=" 的右结合性，应先执行 y=z 再执行 x=（y=z）运算。C 语言运算符中有不少为右结合性，应注意区别，以避免理解错误。

3. 强制类型转换运算符其一般形式

（类型说明符）　（表达式）

其功能是把表达式的运算结果强制转换成类型说明符所表示的类型。

例如：

(float) a　　　把 a 转换为实型

　(int)（x+y）　　　把 x+y 的结果转换为整型

4. 自增、自减运算符

自增 1，自减 1 运算符：自增 1 运算符记为 "++"，其功能是使变量的值自增 1。

自减 1 运算符记为 "−−"，其功能是使变量值自减 1。

自增 1，自减 1 运算符均为单目运算，都具有右结合性。可有以下几种形式：

++i　　　i 自增 1 后再参与其他运算。

−−i　　　i 自减 1 后再参与其他运算。

i++　　　i 参与运算后，i 的值再自增 1。

i−−　　　i 参与运算后，i 的值再自减 1。在理解和使用上容易出错的是 i++ 和 i−−。特别是当它们出在较复杂的表达式或语句中时，常常难于弄清，因此应仔细分析。

例 6.16

```
main（）{
int i=8；
printf（"%d\n", ++i）；
printf（"%d\n", −−i）；
printf（"%d\n", i++）；
printf（"%d\n", i−−）；
printf（"%d\n", −i++）；
printf（"%d\n", −i−−）；
}
```

i 的初值为 8，第 2 行 i 加 1 后输出故为 9；第 3 行减 1 后输出故为 8；第 4 行输出 i 为 8 之后再加 1（为 9）；第 5 行输出 i 为 9 之后再减 1（为 8）；第 6 行输出 −8 之后再加 1（为 9），第 7 行输出 −9 之后再减 1（为 8）。

例 6.17

```
main（）{
```

```
int i＝5，j＝5，p，q；
p＝（i＋＋）＋（i＋＋）＋（i＋＋）；
q＝（＋＋j）＋（＋＋j）＋（＋＋j）；
printf（"%d,%d,%d,%d"，p，q，i，j）；
}
```

这个程序中，对 P＝（i＋＋）＋（i＋＋）＋（i＋＋）应理解为三个 i 相加，故 P 值为 15。然后 i 再自增 1 三次相当于加 3 故 i 的最后值为 8。而对于 q 的值则不然，q＝（＋＋j）＋（＋＋j）＋（＋＋j）应理解为 q 先自增 1，再参与运算，由于 q 自增 1 三次后值为 8，三个 8 相加的和为 24，j 的最后值仍为 8。

6.7.3 赋值运算符和赋值表达式

1. 赋值运算符

简单赋值运算符和表达式：简单赋值运算符记为"＝"。由"＝"连接的式子称为赋值表达式。其一般形式为：变量＝表达式

例如：

x＝a＋b

w＝sin（a）＋sin（b）

y＝i＋＋＋－－j

赋值表达式的功能是计算表达式的值再赋予左边的变量。赋值运算符具有右结合性。因此 a＝b＝c＝5

可理解为

a＝（b＝（c＝5））在其他高级语言中，赋值构成了一个语句，称为赋值语句。而在 C 中，把"＝"定义为运算符，从而组成赋值表达式。凡是表达式可以出现的地方均可出现赋值表达式。

例如，式子：

x＝（a＝5）＋（b＝8）

是合法的。它的意义是把 5 赋予 a，8 赋予 b，再把 a，b 相加，和赋予 x，故 x 应等于 13。

在 C 语言中也可以组成赋值语句，按照 C 语言规定，任何表达式在其末尾加上分号就构成为语句。因此如

x＝8；a＝b＝c＝5；

都是赋值语句，在前面各例中我们已大量使用过了。

2. 类型转换

如果赋值运算符两边的数据类型不相同，系统将自动进行类型转换，即把赋值号右边的类型换成左边的类型。具体规定如下：

（1）实型赋予整型，舍去小数部分。前面的例子已经说明了这种情况。

（2）整型赋予实型，数值不变，但将以浮点形式存放，即增加小数部分（小数部分的值为 0）。

（3）字符型赋予整型，由于字符型为一个字节，而整型为二个字节，故将字符的 ASCII 码值放到整型量的低八位中，高八位为 0。整型赋予字符型，只把低八位赋予字符量。

例 6.18

```
main ()
{
int a，b=322；
float x，y=8.88；
char c1='k'，c2；
a=y；
x=b；
a=c1；
c2=b；
printf ("%d,%f,%d,%c", a, x, a, c2);
}
```

本例表明了上述赋值运算中类型转换的规则。a 为整型，赋予实型量 y 值 8.88 后只取整数 8。x 为实型，赋予整型量 b 值 322，后增加了小数部分。字符型量 c1 赋予 a 变为整型，整型量 b 赋予 c2 后取其低八位成为字符型（b 的低八位为 01000010，即十进制 66，按 ASCII 码对应于字符 B）。

3. 复合的赋值运算符

在赋值符"＝"之前加上其他二目运算符可构成复合赋值符。如＋＝，－＝，*＝，/＝，%＝，<<＝，>>＝，&＝，^＝，|＝。

构成复合赋值表达式的一般形式为：

变量　双目运算符＝表达式

它等效于

变量＝变量 运算符 表达式

例如：

a＋＝5　　　　等价于 a＝a＋5

x*＝y＋7　　等价于 x＝x*（y＋7）

r%＝p　　　　等价于 r＝r%p

复合赋值符这种写法，对初学者可能不习惯，但十分有利于编译处理，能提高编译效率并产生质量较高的目标代码。

6.7.4　逗号运算符和逗号表达式

在 C 语言中逗号"，"也是一种运算符，称为逗号运算符。其功能是把两个表达式连接起来组成一个表达式，称为逗号表达式。

其一般形式为： 表达式1，表达式2

其求值过程是分别求两个表达式的值，并以表达式2的值作为整个逗号表达式的值。

例 6.19

```
main（）｛
int a＝2，b＝4，c＝6，x，y；
y＝（x＝a＋b），（b＋c）；
printf（" y＝％d，x＝％d"，y，x）；
｝
```

本例中，y等于整个逗号表达式的值，也就是表达式2的值，x是第一个表达式的值。

对于逗号表达式还要说明两点：

(1) 逗号表达式一般形式中的表达式1和表达式2也可以又是逗号表达式。例如：

表达式1，（表达式2，表达式3）

形成了嵌套情形。因此可以把逗号表达式扩展为以下形式：

表达式1，表达式2，…表达式n

整个逗号表达式的值等于表达式n的值。

(2) 程序中使用逗号表达式，通常是要分别求逗号表达式内各表达式的值，并不一定要求整个逗号表达式的值。

并不是在所有出现逗号的地方都组成逗号表达式，如在变量说明中，函数参数表中逗号只是用作各变量之间的间隔符。

练习题

一、选择题

1. c语言中的简单数据类型有（ ）

　A. 整型、实型、逻辑型　　　　　　B. 整型、实型、字符型

　C. 整型、字符型、逻辑型　　　　　D. 整型、实型、逻辑型、字符型

2. c语言中，字符（char）型数据在微机内存中的存储形式是（ ）

　A. 反码　　　　B. 补码　　　　C. EBCDIC 码　　　　D. ASCII 码

3. 设有定义语句：char a＝′\72′;，则变量a（ ）

　A. 包含1个字符　B. 包含2个字符　C. 包含3个字符　D. 定义不合法

4. c语言中，下列不合法的字符常量是（ ）

　A.′\xff′　　　　B.′\65′　　　　C.′&′　　　　　　D.′\028′

5. c语言中，下列不合法的字符串常量是（ ）

　A." \121"　　　B.′y＝′　　　　C." \n\n"　　　　D." ABCD\x6d"

6. 判断 char 型变量 c 是否为大写字母的最简单且正确的表达式是（ ）

  A. ´A´<=c<=´Z´   B.（c>=´A´）││（c<=´Z´）

  C.（´A´<=c）AND（´Z´>=c）   D.（c>=´A´）&&（c<=´Z´）

7. 有以下程序：

  #include <stdio. h>

  main（）

  {char c1=´A´，c2=´Y´；

  printf（"%d,%d \ n"，c1，c2）；

  }

  程序的输出结果是（ ）。

  A. 因输出格式不合法，无正确输出   B. 65，90

  C. A，Y   D. 65，89

8. 有以下程序：

  #include <stdio. h>

  main（）

  {char x=´A´；

  x=（x>=´A´&&x<=´Z´）?（x+32）：x；

  printf（"%c \ n"，x）；

  }

  程序的输出结果是（ ）

  A. A   B. a   C. Z   D. z

二、填空题

1. c 语言中，字符在内存中占（ ）个字节。

2. 调用 c 语言提供的对字符进行处理的库函数时，在 #include 命令行中应包含的头文件是（ ）。

3. 若变量已正确定义，在执行以下 while 语句时，输入字符 A 后，ch 的值是（ ）。

          while（ch=getchar（）==´A´）；

4. 若变量已正确定义，要通过以下语句给 a、b、c、d 分别输入字符 A、B、C、D，给 w、x、y、z 分别输入整数 10、20、30、40，正确的输入形式是（   ），请用<CR>代表 Enter 键。

scanf（"%d% c% d% c% d% c% d%c"，&w，&a，&x，&b，&y，&c，&z，&d）；

5. 若有以下定义和输入语句，要求给 c1、c2 分别输入字符 A 和 B，给 a1、a2 分别输入 7.29 和 101.298，从键盘正确输入数据的形式是（   ）。

       char   c1，c2；   float   a1，a2；

     scanf（"%f%f"，&a1，&a2）；scanf（"%c%c"，&c1，&c2）；

三、编程题

1. 请编写程序，输入一行字符（用回车结束），输出每个字符以及与之对应的 ASCII

代码值，每行输出三对。

2. 请编写程序，输入一行数字字符（用回车结束），每个数字字符的前后都有空格。请编程，把这一行中的数字转换成一个整数。例如，若输入（<CR>代表 Enter 键）：

2　　4　　8　　3<CR>

则输出整数：2483。

3. 请编写程序统计输入的行数，用！号结束输入，！号所在行不计入行数。

4. 请编写程序统计输入的一行中小写字母的个数。

5. 请编写输出以下图案的程序，图案的行数由输入的整数值确定（每行中字符之间没有空格）。

A
BBB
CCCCC
DDDDDDD
EEEEEEEEE

第7章 函　　数

在前面各章的例子以及读者自己编写的 c 语言程序中都用到了以"main"开头的主函数，并且在程序中频繁地调用了 C 提供的用于输入和输出的库函数——scanf、printf 函数。读者可能注意到：main 是由用户自己编写的，而 scanf、printf 则是由 C 提供的，用户只要学会如何正确调用就行。

一个实用的 c 语言源程序总是由许多函数组成，这些函数都是根据实际任务，由用户自己来编写。在这些函数中可以调用 C 提供的库函数，也可以调用由用户自己或他人编写的函数。但是，一个 c 语言源程序无论包含了多少函数，在正常情况下总是从 main 函数开始执行，main 函数结束。本章将讨论如何调用 C 提供的库函数，如何自己来定义函数并调用这些函数。

c 语言源程序可以分放在不同的文件中，所以同一个源程序中的函数也可分放在不同的文件中。为了简单起见，本书将只讨论在同一个文件中函数的定义和调用。

7.1　库函数

c 语言提供了丰富的库函数，这些函数包括了常用的数学函数，如求正弦值的 sin 函数，求平方根值的 sqrt 函数；包括了对字符和字符串进行处理的函数；包括了进行输入输出处理的各种函数等。读者应该学会正确调用这些已有的库函数，而不必自己编写。本书的附录 5 列出了常用的库函数，供读者查阅。

7.1.1　调用 c 语言标准库函数时要求的 include 命令行

对每一类库函数，在调用该类库函数时，用户在源程序 include 命令行中应该包含的头文件名。例如，调用数学库函数时，要求程序在调用数学库函数前包含以下的 include 命令行：

$$\#include\ "math. h"$$

include 命令行必须以♯号开头，系统提供的头文件以 .h 作为文件的后缀，文件名用一对双引号""或一对尖括号<>括起来。注意：include 命令行不是 C 语句，因此不能在最后加分号。有关 include 命令行的功能将在第 13 章详细介绍，在此之前，读者只需依样使用就行。

7.1.2 标准库函数的调用

对库函数的一般调用形式为：

函数名（参数表）

在 c 语言中，库函数的调用可以两种形式出现。

（1）出现在表达式中。例如求 $y = x^{2.5} + 1.3$，可以通过以下语句调用 pow 函数来求得：

$$y = pow\ (x,\ 2.5)\ + 1.3;$$

在这里，函数的调用出现在赋值号右边的表达式中。

又如：

for（printf（":"）; scanf（"%d", &x), t=x; printf（":"））;

在此，函数 printf 和 scanf 都作为表达式而出现在 for 语句后的一对圆括号中。

（2）作为独立的语句完成某种操作。例如以下调用：

printf（"* * * * * \n"）;

在 printf 函数调用之后加了一个分号，这就构成了一条独立的语句，完成在一行上输出五个星号的操作。

数学函数中的 pow 函数具有两个双精度类型的形式参数，因此调用时必须给予两个同类型的参数；同时说明了该函数的功能是计算 x 的 y 次方，并把所计算的结果作为函数值返回。又如，求平方根函数 sqrt 需要一个双精度参数，参数 x 必须大于或等于零，因此用户在调用时应该保证 x 的值不为负数。

读者只需根据需要，选用合适的库函数，正确地进行调用，就可以方便地得到计算结果或进行指定的操作。

7.2 函数的定义和返回值

c 语言虽然提供了丰富的库函数，但这些函数是面向所有用户的，不可能满足每个用户的各种特殊需要，因此大量的函数必须由用户自己来编写。本节将向读者初步介绍如何定义自己的函数，如何向函数传递简单类型的数据。随着课程的进展，将在后续各章中介绍各种复杂类型数据的传递。

7.2.1　函数定义的语法

（1）c语言函数定义的一般形式如下：

函数返回值的类型名　函数名（类型名形式参数1，类型名，形式参数2，……）

/ * 函数的首部 * /

｛

说明部分　　 / * 函数体 * /

语句部分

｝

（2）函数名和形式参数都是由用户命名的标识符。在同一程序中，函数名必须唯一，形式参数名只要在同一函数中唯一即可，可以与其他函数中的变量同名。

（3）c语言规定，不能在函数的内部定义函数。

（4）若在函数的首部省略了函数返回值的类型名，把函数首部写成：

函数名（类型名　形式参数1，类型名　形式参数2，……）则默认函数返回值的类型为 int 类型。

（5）除了返回值类型为 int 类型的函数外，函数必须先定义（或说明）后调用。

（6）若函数只是用于完成某些操作，没有函数值返回，则必须把函数定义成 void 类型。

例 7.1　编写求两个双精度数之和的函数。

```
double add （double a，double b）
double s：
s＝a＋b：
return s：
｝
```

在此程序中，double add（double a，double b）称为函数的首部，其中 add 是函数名，这是由用户命名的标识符。在它前面的 double 是类型名，用来说明函数返回值的类型（通常称为函数值的类型），函数值的类型可以是整型、实型、字符型、指针和结构类型。以上 add 函数值的类型是双精度型。

函数名后一对圆括号中是形式参数（简称形参）和类型说明表，在本例中只有两个形式参数 a 和 b，在每个形参之前都要有类型名。各形参的定义之间用逗号隔开。

以上 add 函数首部之后的一对花括号之间的是函数体。在函数体中的语句用来完成函数的功能，在本例中是完成求 a 和 b 的和值。

函数体可以是空的，例如：

$$\text{void dummy （）｛｝}$$

定义的函数可以没有形参，函数体内也可以没有任何操作，但函数名后的一对圆括号不能省略。上面函数的类型 void 说明了 dummy 函数无返回值，这是一个什么也不做的函数。像这种什么也不做的函数，在程序开发的时候作为一个虚设的部分常常也是很有用的。

函数体中，除形参外，用到的其他变量必须在说明部分进行定义，这些变量（包括形参），只在函数被调用时才临时开辟存储单元，当退出函数时，这些临时开辟的存储单元全被释放掉，因此，这种变量只在函数体内部起作用，与其他函数体中的变量互不相关，它们可以和其他函数中的变量同名。函数体中的说明部分，就像在 main 函数中那样，总是放在函数体中所有可执行语句之前。前面的 add 函数中定义了一个 double 类型的变量 s，当退出 add 函数后，这些变量，包括形参 a 和 b 所占的存储单元都不再存在。

7.2.2　函数的返回值

函数的值通过 return 语句返回，return 语句的形式如下：

> return 表达式；　　　或　　　return（表达式）；

也就是说，return 语句中的表达式的值就是所求的函数值，此表达式值的类型必须与函数首部所说明的类型一致。若类型不一致，则以函数值的类型为准，由系统自动进行转换。

当程序执行到 return 语句时，程序的流程就返回到调用该函数的地方（通常称为退出调用函数），并带回函数值。在同一个函数内，可以根据需要，在多处出现 return 语句，在函数体的不同部位退出函数。但无论函数体中有多少个 return 语句，return 语句只可能执行一次。

return 语句中也可以不含表达式，这时必须定义函数为 void 类型，它的作用只是使流程返回到调用函数，并没有确定的函数值。

函数体内可以没有 return 语句，这时也必须定义函数为 void 类型，程序的流程就一直执行到函数末尾的"}"，然后返回调用函数，也没有确定的函数值带回。

7.3　函数的调用

7.3.1　函数的两种调用方式

函数的一般调用形式为：

函数名（实际参数表）

实际参数（简称实参）的个数多于一个时，各实际参数之间用逗号隔开。实参的个数必须与所调函数中的形参相同，类型一一对应匹配。若函数无形参，调用形式为：

函数名（）函数名后的一对圆括号不可少。

一般情况下，可用两种方式调用函数：

（1）当所调用的函数用于求出某个值时，函数的调用可作为表达式出现在允许表达式出现的任何地方。例如对于前面的 add 函数，可用以下语句调用该函数求出 3.0 与 4.0 的和值，然后赋给 y：

$$y= add (3.0, 4.0);$$

也可以通过以下的语句段调用 add 函数求出 1＋2＋3＋4＋5：

$$for (y=0, i=1; i<=5; i++) y=add (y, i);$$

add 函数也可以出现在 if 语句中作为进行判断的表达式：

$$if (add (x, y) >0) \cdots$$

（2）c 语言中的函数可以仅进行某些操作而不返回函数值，这时函数的调用可作为一条独立的语句。如：

$$函数名 （实际参数表）;$$

例如：dummy ();。

注意：最后有一个分号。

7.3.2　函数调用时的语法要求

函数调用时有下列语法要求：

（1）调用函数时，函数名必须与所调用的函数名字完全一致。

（2）实际参数的个数必须与形式参数的个数一致。实参可以是表达式，在类型上应按位置与形参一一对应匹配。如果类型不匹配，C 编译程序按赋值兼容的规则进行转换。若实参和形参的类型不能赋值兼容，通常并不给出出错信息，且程序仍然执行，只是不会得到正确的结果。因此应该特别注意实参和形参的类型匹配。

（3）c 语言规定：函数必须先定义，后调用（函数的返回值类型为 int 或 char 时除外）。例如，如果想在 main 函数中调用例 7.1 中的 add 函数，在源程序中它们的位置应该如下：

```
double add ( double a，double b)
{  …  }
main ()
{double y，p，q;
…
y= add (p, q);
…
}
```

如果被调用函数的返回值为 int 或 char 类型，则被调用函数的定义也可以放在调用的位置之后。

（4）C 程序中，函数可以直接或间接的自己调用自己，称为递归调用。

7.4 函数的说明

7.4.1 函数说明的形式

在 c 语言中，除了主函数外，对于用户定义的函数遵循"先定义，后使用"的规则。凡是未在调用前定义的函数，C 编译程序都默认函数的返回值为 int 类型。对于返回值为其他类型的函数，若把函数的定义放在调用之后，应该在调用之前对函数进行说明（或称为函数原型说明），函数说明的一般形式如下：

> 类型名　函数名（参数类型 1，参数类型 2，……）

如 double add（double，double）。也可采用下面的形式：

> 类型名　函数名（参数类型 1 参数名 1，参数类型 2 参数名 2，……）

如 double add（double p，double q）。此处的参数名完全是虚设的，它们可以是任意的用户标识符，既不必与函数首部中的形参名一致，又可以与程序中的任意用户标识符同名，实际上，参数名可以省略。函数说明语句中的类型名必须与函数返回值的类型一致。

函数说明可以是一条独立的说明语句，如：

> double add（double，double）；

也可以与普通变量一起出现在同一个类型定义语句中，如：

> double x，y，add（double，double）；

对函数进行说明能使 c 语言的编译程序在编译时进行有效的类型检查。当调用函数时，若实参的类型与形参的类型不能赋值兼容而进行非法转换时，C 编译程序将会发现错误并报错；当实参的个数与形参的个数不同时，编译程序也将报错。使用函数说明能及时通知程序员出错的位置，从而保证了程序能正确运行。

7.4.2 函数说明的位置

当在所有函数的外部、被调用之前说明函数时，在对函数进行说明的语句后面所有位置上都可以对该函数进行调用。

函数说明也可以放在调用函数内的说明部分，如在 main 函数内部进行说明，则只能在 main 函数内部才能识别该函数。

7.5　调用函数和被调用函数之间的数据传递

c 语言中，调用函数和被调用函数之间的数据可以通过三种方式进行传递：

（1）实际参数和形式参数之间进行数据传递。

（2）通过 return 语句把函数值返回调用函数。

（3）通过全局变量。但这不是一种好的方式，通常不提倡使用。

在 c 语言中，数据只能从实参单向传递给形参，称为"按值"传递。也即是说，当简单变量作为实参时，用户不可能在函数中改变对应实参的值。

例 7.2　以下程序例示了函数参数之间的单向传递，请观察程序的执行结果。

```
#include  <stdio.h>
void mytry（int，int，int）;    /* 说明函数 mytry 为无值型，含有 3 个 int 类型的形参 */
main（）
{int   x＝2，y＝3，z＝0;
printf（"（1）x＝%d y＝%d z＝%d \ n"，x，y，z）;
mytry（x，y，z）;
printf（"（4）x＝%d y＝%d z＝%d \ n"，x，y，z）;
}
void mytry（int x，int y，int z）
{printf（"（2）x＝%d y＝%d z＝%d \ n"，x，y，z）;
z＝x+y;
x＝x * x;
y＝y * y;
printf（"（3）x＝%d y＝%d z＝%d \ n"，x，y，z）;
}
```

程序的运行结果如下：

（1）x＝2 y＝3　z＝0

（2）x＝2 y＝3　z＝0

（3）x＝4 y＝9　z＝5

（4）x＝2 y＝3　z＝0

当程序从 main 函数开始运行时，按定义在内存中开辟了三个 int 类型的存储单元 x、y、z，且分别赋初值 2、3 和 0，调用 mytry 函数之前的 printf 语句输出结果验证了这些值。当调用 mytry 函数之后，程序的流程转向 mytry 函数，这时系统为 mytry 函数的三个形参 x、y、z 分配了另外三个临时的存储单元，同时如图 7.1（a）所示，实参 x、y、z 把值传送给对应的形参 x、y、z，实参和形参虽然同名，但它们却占用不同的存储单元。

当进入 mytry 函数后，首先执行一条 printf 语句，输出 mytry 函数中的 x、y、z 的值。因为未对它们进行任何操作，故仍输出 2、3 和 0。当执行了赋值语句 z＝x＋y；x＝x＊x；和 y＝y＊y；之后，这时形参 x、y、z 存储单元中的值分别为 4、9、5（见图 7.1（b））），这可由随后 printf 语句的输出结果证实。当退出 mytry 函数时，mytry 函数中 x、y、z 变量所占存储单元将消失（释放），流程返回到 main 函数。然后执行 main 函数中最后一条 printf 语句，输出了 x、y、z 的值。由输出结果可见，maln 函数中的 x、y、z 的值在调用 mytry 函数后没有任何变化。

以上程序运行的结果证实了在调用函数时，实参的值将传送给对应的形参，但形参值的变化不会影响对应的实参。

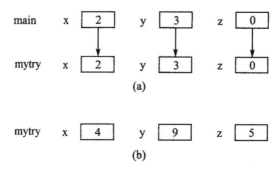

图 7.1　实参变量和形参变量之间的数据传递

例 7.3　以下程序试图通过调用 swap 函数，把主函数中变量 x 和 y 中的数据进行交换。请观察程序的输出结果。

```
#include  <stdio. h>
void swap (int, int);    /＊函数说明语句＊/
main ()
{int   x＝10, y＝20;
printf ("（1）x＝%d  y＝%d \ n", x, y);
swap (x, y);
printf ("（4）x＝%d  y＝%d \ n", x, y);
}
void swap ( int a, int b)
{int t;
printf ("（2）a＝%d  b＝%d \ n", a, b);
t＝a; a＝b; b＝t;
printf ("（3）a＝%d b＝%d \ n", a, b);
}
```

程序运行结果如下：

（1）x＝10   y＝20

（2） a＝10　b＝20

（3） a＝20　b＝10

（4） x＝10　y＝20

由程序运行结果可以看到：x 和 y 的值已传送给函数 swap 中的对应形参 a 和 b，在函数 swap 中，a 和 b 也确实进行了交换，但由于 c 语言中，数据只能从实参单向传递给形参，形参数据的变化并不影响对应实参，因此在本程序中，不能通过调用 swap 函数使主函数中 x 和 y 的值进行交换。

7.6　程序举例

例 7.4　编写函数 isprime （int a），用来判断自变量 a 是否为素数。若是素数，函数返回整数 1，否则返回 0。

```
#include <stdio.h>
int isprime（int）；      /＊isprime 函数的说明语句＊/
main（）
{int　x；
printf（"Enter a integer number："）；
scanf（"%d"，&x）；      /＊从键盘输入一个整数＊/
if（isprime（x））
printf（"%d is prime\n"，x）；      /＊当函数返回 1 时，输出"是素数"＊/
else
printf（"%d is not prime\n"，x）；      /＊当函数返回 0 时，输出"不是素数"＊/
}
int isprime（int a）      /＊定义 isprime 函数＊/
{int　i；
for（i＝2；i<＝a/2；i++）
if（a%i＝＝0）return 0；      /＊a 一旦能被某个数整除，即不是素数，返回 0＊/
return　1；      /＊a 不能被 2 到 a/2 之间任何一个数整除，返回 1＊/
}
```

例 7.5　编写函数，验证任意偶数为两个素数之和，并输出这两个素数。

若将验证的数放在变量 x 中，可依次从 x 中减去 i，i 从 2 变化到 x/2。步骤如下：

（1） i 初值为 2。

（2） 判断 i 是否是素数，若是，执行步骤（3）；若不是，执行步骤（5）。

（3） 判断 x－i 是否是素数，若是，执行步骤（4）；若不是，执行步骤（5）。

（4）输出结果，返回调用函数。

（5）使 i 增 1。

（6）重复执行步骤（2），直到 i＞x/2。

在例 7.4 中已经有了 isprlme（int a）函数可以用来验证某数是否是素数，因此在步骤（2）和步骤（3）中，只要调用该函数就可分别判断 i 和 x－i 是否是素数了。

按以上步骤写出程序如下：

```
＃include  ＜stdio. h＞
int  isprime（int）；       /＊isprime 函数的说明语句＊/
void even（int）；        /＊even 函数的说明语句＊/
main（）
｛int  a：
printf（" Enter a even number："）；scanf（"％d"，&a）；
if（a％2＝＝0）even（a）；
else printf（"The％d isn't even number \ n"，a）；
｝
void even（int x）        /＊定义 even 函数＊/
｛int  i：
for（i＝2；i＜＝x/2；i＋＋）
if（ isprime（i） ）
if（isprime（x－i） ）
｛ printf（"％d＝％d＋o/od \ n"，x，i，x－i）；return；｝
｝
int isprime（int a） /＊isprime 函数定义与例 7.4 同，在此省略＊/
｛ …… ｝
```

例 7.6 编写函数 sum（int n）用以求 $\sum\limits_{x=0}^{} f(x)$，和数作为函数值返回。这里

$f(x) = x \ast x + 1$。

```
＃include  ＜stdio. h＞
int sum（int）；        /＊sum 函数的说明语句＊/
int f（int）；         /＊f 函数的说明语句＊/
main（）
｛int  a，b；
printf（" Enter a integer number："）；/＊输入一个整数＊/
scanf（"％d"，&a）；
b＝ sum（a）；        /＊调用 sum 函数求 f（x）的累加和＊/
printf（" a＝％d  sum＝％d \ n"，a，b）；
｝
```

```
int sum（int n）       /＊定义 sum 函数＊/
{int x，s＝0；
for（x＝0；x<＝n；x++）s+＝f（x）；
return s；       /＊返回累加和＊/
}
int f（int x）       /＊定义 f（x）函数＊/
{return x＊x+1；       }
```

运行时，若输入 3，输出结果为：a＝3　sum＝18。

例 7.7　已知用梯形法求函数 f（x）定积分的近似公式如下：

$$s＝h×（（f（a）+f（b））/2+\sum f（a+i＊h））$$

此处，a 是积分下限，b 是积分上限，n 是积分区间分割数，h＝|（a-b）/n|。n 越大，所求积分精度越高。

请用梯形法求函数 sinx 在区间〔0，1.5〕上的定积分，n 值选 100，即求

$$s＝\int_{a}^{b} sinx dx \qquad （a＝0，6＝1.5）$$

由以上给出的公式可知求定积分的问题已转化为求函数 sin（a+i.＊h）值的累加问题，此处 i 的值由 1 变化到 n-1。

以下程序中 sin（a+i＊h）函数值的累加由 for 循环体中的 {x＝a+i＊h；s＝s+sin（x）；} 来完成，其中，i 作为循环控制变量从 1 变化到 n-1，每循环一次，i 值增 1。根据以上求积分公式，s 的初值设置为：（sin（a）+sin（b））/2。

程序如下：

```
#include   <stdio.h>
#include   <math.h>
double integ（double a，double b）
{double   s，x，h；
int   n＝100，i；
h＝fabs（b-a）/n；       /＊fabs（）为求绝对值函数＊/
s＝（sin（a）+sin（b））/2.0；
for（i＝1；i<＝n-1；i++）
{    x＝a+i＊h；s＝s+sin（x）；    }
s＝s＊h；
return s；
}
main（）
{double s；
s＝integ（0.0，1.5）；
printf（"s＝%f\n"，s）；
```

```
}
```

程序运行结果为：s＝0.929245

例 7.8 编写函数 myupper（ch），把 ch 中的小写字母转换成大写字母作为函数值返回，其他字符不变。主函数中不断输入字符，用字符@结束输入，同时不断输出结果。

按要求 myupper 函数的返回值类型应当是 char 类型。程序如下：

```
#include  <stdio. h>
#include  <ctype. h>
char myupper （char ch）
{if （ch>='a'&&ch<='z'） ch=ch-32;
return ch;
}
main （）
{char c;
while （ （c=getchar （） ）! ='@'）
{  c= myupper （c）;
putchar （c）;
}
}
```

例 7.9 编写函数统计输入字符的个数，用@字符结束输入。在主函数中调用此函数，输出统计结果。

```
#include  <stdio. h>
long countch （）;     /＊countch 函数说明语句＊/
main （）
{long  n;
n= countch （）;
printf （" n=%ld \ n"， n）;
}
long countch （  ）
{long  cn;
for （cn=0; getchar （）! ='@'; cn++）;
return cn;
}
```

程序中用长整型变量 cn 统计输入字符的个数。在 printf 中采用了 %ld 作为输出格式，用以输出 long 类型数据。

以上程序运行时输入：

ABCDE<CR>

FGHI<CR>

JKLMNOP＜CR＞

QRSTUVWXYZ@ ＜CR＞　　　（此处＜CR＞代表 Enter 键）

输出结果如下：

cn＝29　　（26 个字母加 3 个换行符）

例 7.10　编写函数统计输入文本中单词的个数，单词之间用空格符、换行符、跳格符隔开，用@作为输入结束标志。

```
#include  <stdio. h>
#define  IN   1   /* 标志在一个单词的内部 */
#define  OUT  0   /* 标志在一个单词的外部 */
int countword ();    /* 函数说明语句 */
main ()
{int  n：
n= countword ( );
printf (" n=%d \ n", n);
}
int countword ()
{int c, nw, state;
state=OUT;    /* 在单词的外部 */
nw=0：
while ( (c=getchar ( ))! ='@')
{    if (c=='' | | c=='\ n' | | c=='\ t')
state=OUT;    /* 读入的字符是分隔符，在一个单词的外部 */
else if (state==OUT)    /* 如果遇到单词的第一个字符 */
{state=IN;    /* 状态变量置成 IN：在单词的内部 */
nw++;    /* 单词个数增 1 */
}
}
return nw：
}
```

以上函数中，变量 state 的值用来标识当前读到的字符是在单词的内部还是在外部，如果读入的字符是分隔符，给 state 置 OUT，表示已在一个单词的外部。如果读入的字符不是分隔符且 state 为 OUT，则表示遇到了单词的第一个字符，置状态变量标志 state 为 IN，同时使统计的单词个数增 1。接着再从键盘去读入一个字符给 c，若 state 为 IN，同时又没有读到分隔符，说明 c 中的字符仍是单词的一部分，则跳过 if 语句，不做任何操作。

练习题

一、选择题

1. 以下叙述中正确的是（　　　）

   A. c 语言程序总是从第一个定义的函数开始执行

   B. 在 c 语言程序中，要调用的函数必须在 main（）函数中定义

   C. c 语言程序总是从 main（）函数开始执行

   D. c 语言程序中的 main（）函数必须放在程序的开始部分

2. 已定义了以下函数

   fff（float x）

   {printf（"%d \ n"，x * x);}

   该函数的类型是（　　　）

   A. 与参数 x 的类型相同　　　B. void 类型　　　C. int 类型　　　D. 无法确定

3. 有函数调用语句：func（（exp1，exp2），（exp3，exp4，exp5））;，此函数调用语句含有的实参个数是（　　　）

   A. 1　　　B. 2　　　C. 4　　　D. 5

4. 有以下程序：

   ```
   #include  <stdio. h>
   int func（int a，int b)
   {int c:
   c= a+b; return c;
   }
   main（）
   {int x=6，y=7，z=8，r;
   r= func（（x——，y++，x+y），z——）;      printf（"%d \ n"，r)
   }
   ```

   程序的输出结果是（　　　）

   A. 11　　　B. 20　　　C. 21　　　D. 31

5. 有以下程序：

   ```
   #include <stdio. h>
   int f （int，int）;
   main（）
   {int  i=2，p;
   ```

```
p=f (i, i+1); printf ("%d \ n", p);
}
int f (int a, int b)
{int c;
c=a;
if (a>b) c=1;
else if (a==b) c=0;
else    c=-1;
return (c);
}
```
程序的输出结果是（　　）

A. -1　　B. 0　　C. 1　　D. 2

6. 有以下程序：

```
#include  <stdio. h>
int  fun (int a, int b, int c)
{    c=a * b;    }
main ()
{int c;
fun (2, 3, e);    printf ("%d \ n", c);
}
```
程序的输出结果是（　　）

A. 0　　B. 1　　C. 6　　D. 无定值

7. 有以下程序：

```
#include  <stdio. h>
double f (int n)
{int  i;    double  s;
s=1. 0;
for (i=1; i<=n; i++) s+=1. 0/i;
return s;
}
main ()
{int  i, m=3;    double a=0. 0;
for (i=0; i<m; i++) a+=f (i);
printf ("%f \ n", a);
}
```
程序的输出结果是（　　）

A. 5. 500000　　B. 3. 000000　　C. 4. 000000　　D. 8. 25

二、填空题

1. 以下程序的输出结果是 (   )

```
#include  <stdio. h>
unsigned  fun6 (unsigned num)
{unsigned k=1;
do
{  k * =num%10;       num /=10;}
while (num);
return k;
}
main ()
{unsigned n=26;
printf ("%d \ n", fun6 (n) );
}
```

2. 以下程序的输出结果是 (   )

```
#include   <stdio. h>
   double sub (double x, double y, double z)
{y-=1.0;   z=z+x;   return z;}
main ()
{double   a=2.5. b=9.0;
printf ("%f \ n", sub ( b-a, a, a) );
}
```

3. 以下程序的输出结果是 (   )

```
#include  <stdio. h>
int fun2 (int a, int b)
{int   c;
c= (a * b)%3;       return c;
}
int fun1 (int a, int h)
{int   c;
a+=a;   b+=b;   c=fun2 (a, b);
return c * c;
}
main ()
{int   x=11, y=19;
printf ("%d \ n", fun1 (x, y) );
}
```

三、程序调试和编程题

1. 下面的 fun 函数用以判断 n 是否是素数，fun 函数中有逻辑错，请调试改正。

```
int   fun （int n）
｛int   k，yes；
for （k＝2；k＜＝n/2；k＋＋）
if （n％k＝＝0）yes＝0；
else yes＝1；
return yes；
｝
```

2. 编写函数 int mymod （ int a，int b）用以求 a 被 b 除之后的余数。

第8章 指 针

指针是 C 语言中广泛使用的一种数据类型。运用指针编程是 C 语言最主要的风格之一。利用指针变量可以表示各种数据结构；能很方便地使用数组和字符串；并能像汇编语言一样处理内存地址，从而编出精练而高效的程序。指针极大地丰富了 C 语言的功能。学习指针是学习 C 语言中最重要的一环，能否正确理解和使用指针是我们是否掌握 C 语言的一个标志。同时，指针也是 C 语言中最为困难的一部分，在学习中除了要正确理解基本概念，还必须要多编程，上机调试。只要作到这些，指针也是不难掌握的。

8.1 地址指针的基本概念

在计算机中，所有的数据都是存放在存储器中的。一般把存储器中的一个字节称为一个内存单元，不同的数据类型所占用的内存单元数不等，如整型量占 2 个单元，字符量占 1 个单元等，在前面已有详细的介绍。为了正确地访问这些内存单元，必须为每个内存单元编上号。根据一个内存单元的编号即可准确地找到该内存单元。内存单元的编号也叫做地址。既然根据内存单元的编号或地址就可以找到所需的内存单元，所以通常也把这个地址称为指针。内存单元的指针和内存单元的内容是两个不同的概念。可以用一个通俗的例子来说明它们之间的关系。我们到银行去存取款时，银行工作人员将根据我们的帐号去找我们的存款单，找到之后在存单上写入存款、取款的金额。在这里，帐号就是存单的指针，存款数是存单的内容。对于一个内存单元来说，单元的地址即为指针，其中存放的数据才是该单元的内容。在 C 语言中，允许用一个变量来存放指针，这种变量称为指针变量。因此，一个指针变量的值就是某个内存单元的地址或称为某内存单元的指针，如图 8.1 所示。

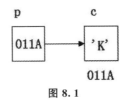

图 8.1

图中，设有字符变量 C，其内容为"K"（ASCII 码为十进制数 75），C 占用了 011A 号单元（地址用十六进数表示）。设有指针变量 P，内容为 011A，这种情况我们称为 P 指向变量 C，或说 P 是指向变量 C 的指针。

严格地说，一个指针是一个地址，是一个常量。而一个指针变量却可以被赋予不同的指针值，是变量。但常把指针变量简称为指针。为了避免混淆，我们中约定："指针"是指地址，是常量，"指针变量"是指取值为地址的变量。定义指针的目的是为了通过指针去访问内存单元。

既然指针变量的值是一个地址，那么这个地址不仅可以是变量的地址，也可以是其他数据结构的地址。在一个指针变量中存放一个数组或一个函数的首地址有何意义呢？因为数组或函数都是连续存放的。通过访问指针变量取得了数组或函数的首地址，也就找到了该数组或函数。这样一来，凡是出现数组，函数的地方都可以用一个指针变量来表示，只要该指针变量中赋予数组或函数的首地址即可。这样做，将会使程序的概念十分清楚，程序本身也精练，高效。在 C 语言中，一种数据类型或数据结构往往都占有一组连续的内存单元。用"地址"这个概念并不能很好地描述一种数据类型或数据结构，而"指针"虽然实际上也是一个地址，但它却是一个数据结构的首地址，它是"指向"一个数据结构的，因而概念更为清楚，表示更为明确。这也是引入"指针"概念的一个重要原因。

8.2　变量的指针和指向变量的指针变量

变量的指针就是变量的地址。存放变量地址的变量是指针变量。即在 C 语言中，允许用一个变量来存放指针，这种变量称为指针变量。因此，一个指针变量的值就是某个变量的地址或称为某变量的指针。

为了表示指针变量和它所指向的变量之间的关系，在程序中用"＊"符号表示"指向"，例如，i_pointer 代表指针变量，而 ＊i_pointer 是 i_pointer 所指向的变量，如图 8.2 所示。

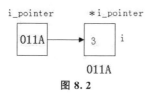

图 8.2

因此，下面两个语句作用相同：

i＝3；

＊i_pointer＝3；

第二个语句的含义是将 3 赋给指针变量 i_pointer 所指向的变量。

8.2.1　定义一个指针变量

对指针变量的定义包括三个内容：

（1）指针类型说明，即定义变量为一个指针变量；

（2）指针变量名；

（3）变量值（指针）所指向的变量的数据类型。

其一般形式为：

类型说明符　＊变量名；

其中，＊表示这是一个指针变量，变量名即为定义的指针变量名，类型说明符表示本指针变量所指向的变量的数据类型。

例如：　　　int ＊ p1；

表示 p1 是一个指针变量，它的值是某个整型变量的地址。或者说 p1 指向一个整型变量。至于 p1 究竟指向哪一个整型变量，应由向 p1 赋予的地址来决定。

再如：

int ＊ p2；　　　　　／＊ p2 是指向整型变量的指针变量 ＊／

float ＊ p3；　　　　／＊ p3 是指向浮点变量的指针变量 ＊／

char ＊ p4；　　　　／＊ p4 是指向字符变量的指针变量 ＊／

应该注意的是，一个指针变量只能指向同类型的变量，如 P3 只能指向浮点变量，不能时而指向一个浮点变量，时而又指向一个字符变量。

8.2.2　指针变量的引用

指针变量同普通变量一样，使用之前不仅要定义说明，而且必须赋予具体的值。未经赋值的指针变量不能使用，否则将造成系统混乱，甚至死机。指针变量的赋值只能赋予地址，决不能赋予任何其他数据，否则将引起错误。在 C 语言中，变量的地址是由编译系统分配的，对用户完全透明，用户不知道变量的具体地址。

两个有关的运算符：

（1）＆：取地址运算符。

（2）＊：指针运算符（或称"间接访问"运算符）。

C 语言中提供了地址运算符 ＆ 来表示变量的地址。

其一般形式为：

＆ 变量名；

如 ＆a 表示变量 a 的地址，＆b 表示变量 b 的地址。变量本身必须预先说明。

设有指向整型变量的指针变量 p，如要把整型变量 a 的地址赋予 p 可以有以下两种方式：

（1）指针变量初始化的方法

int a；

int ＊p＝&a；

（2）赋值语句的方法

int a；

int ＊p；

p＝&a；

不允许把一个数赋予指针变量，故下面的赋值是错误的：

int ＊p；

p＝1000；

被赋值的指针变量前不能再加"＊"说明符，如写为 ＊p＝&a 也是错误的。

假设：

int i＝200，x；

int ＊ip；

我们定义了两个整型变量 i，x，还定义了一个指向整型数的指针变量 ip。i，x 中可存放整数，而 ip 中只能存放整型变量的地址。我们可以把 i 的地址赋给 ip：

ip＝&i；

此时指针变量 ip 指向整型变量 i，假设变量 i 的地址为 1800，这个赋值可形象理解为，如图 8.3 所示的联系。

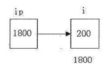

图 8.3

以后我们便可以通过指针变量 ip 间接访问变量 i，例如：

x＝＊ip；

运算符 ＊访问以 ip 为地址的存贮区域，而 ip 中存放的是变量 i 的地址，因此，＊ip 访问的是地址为 1800 的存贮区域（因为是整数，实际上是从 1800 开始的两个字节），它就是 i 所占用的存贮区域，所以上面的赋值表达式等价于

x＝i；

另外，指针变量和一般变量一样，存放在它们之中的值是可以改变的，也就是说可以改变它们的指向，假设

int i，j，＊p1，＊p2；

i＝'a'；

j＝'b'；

p1＝&i；

p2＝&j；

则建立如图 8.4 所示的联系:

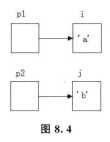

图 8.4

这时赋值表达式:

p2＝p1

就使 p2 与 p1 指向同一对象 i, 此时 ＊p2 就等价于 i, 而不是 j, 如图 8.5 所示。

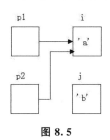

图 8.5

如果执行如下表达式:

＊p2＝＊p1;

则表示把 p1 指向的内容赋给 p2 所指的区域, 此时就变成如图 8.6 所示。

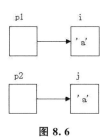

图 8.6

通过指针访问它所指向的一个变量是以间接访问的形式进行的, 所以比直接访问一个变量要费时间, 而且不直观, 因为通过指针要访问哪一个变量, 取决于指针的值（即指向）, 例如"＊p2＝＊p1;"实际上就是"j=i;", 前者不仅速度慢而且目的不明。但由于指针是变量, 我们可以通过改变它们的指向, 以间接访问不同的变量, 这给程序员带来灵活性, 也使程序代码编写得更为简洁和有效。

指针变量可出现在表达式中, 设

int x, y, ＊px＝&x;

指针变量 px 指向整数 x, 则 ＊px 可出现在 x 能出现的任何地方。例如:

y＝＊px＋5; /＊表示把 x 的内容加 5 并赋给 y＊/

```
y＝＋＋＊px; /＊px 的内容加上 1 之后赋给 y，＋＋＊px 相当于＋＋（＊px）＊/
y＝＊px＋＋; /＊相当于 y＝＊px; px＋＋＊/
```

例 8.1

```
main（）
｛ int a，b;
int ＊pointer _ 1，＊pointer _ 2;
a＝100; b＝10;
pointer _ 1＝&a;
pointer _ 2＝&b;
printf（"％d，％d \ n"，a，b）;
printf（"％d，％d \ n"，＊pointer _ 1，＊pointer _ 2）;
｝
```

对程序的说明：

（1）在开头处虽然定义了两个指针变量 pointer _ 1 和 pointer _ 2，但它们并未指向任何一个整型变量。只是提供两个指针变量，规定它们可以指向整型变量。程序第 5、6 行的作用就是使 pointer _ 1 指向 a，pointer _ 2 指向 b，如图 8.7 所示。

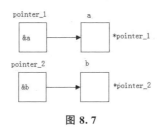

图 8.7

（2）最后一行的 ＊pointer _ 1 和 ＊pointer _ 2 就是变量 a 和 b。最后两个 printf 函数作用是相同的。

（3）程序中有两处出现 ＊pointer _ 1 和 ＊pointer _ 2，请区分它们的不同含义。

（4）程序第 5、6 行的"pointer _ 1＝&a"和"pointer _ 2＝&b"不能写成"＊pointer _ 1＝&a"和"＊pointer _ 2＝&b"。

请对下面再的关于"&"和"＊"的问题进行考虑：

（1）如果已经执行了"pointer _ 1＝&a;"语句，则 & ＊pointer _ 1 是什么含义？

（2）＊&a 含义是什么？

（3）（pointer _ 1）＋＋和 pointer _ 1＋＋的区别？

例 8.2 输入 a 和 b 两个整数，按先大后小的顺序输出 a 和 b。

```
main（）
｛ int ＊p1，＊p2，＊p，a，b;
scanf（"％d，％d"，&a，&b）;
p1＝&a; p2＝&b;
```

```
if (a<b)
{p=p1; p1=p2; p2=p;}
printf (" \na=%d, b=%d \n", a, b);
printf (" max=%d, min=%d \n", * p1, * p2);
}
```

8.2.3 指针变量作为函数参数

函数的参数不仅可以是整型、实型、字符型等数据，还可以是指针类型。它的作用是将一个变量的地址传送到另一个函数中。

例 8.3 题目同例 8.2，即输入的两个整数按大小顺序输出。今用函数处理，而且用指针类型的数据作函数参数。

```
swap (int * p1, int * p2)
{int temp;
temp= * p1;
* p1= * p2;
* p2=temp;
}
main ()
{
int a, b;
int * pointer _ 1, * pointer _ 2;
scanf ("%d,%d", &a, &b);
pointer _ 1=&a; pointer _ 2=&b;
if (a<b) swap (pointer _ 1, pointer _ 2);
printf (" \n%d,%d \n", a, b);
}
```

对程序的说明：

swap 是用户定义的函数，它的作用是交换两个变量（a 和 b）的值。swap 函数的形参 p1、p2 是指针变量。程序运行时，先执行 main 函数，输入 a 和 b 的值。然后将 a 和 b 的地址分别赋给指针变量 pointer _ 1 和 pointer _ 2，使 pointer _ 1 指向 a，pointer _ 2 指向 b，如图 8.8 所示。

接着执行 if 语句，由于 a<b，因此执行 swap 函数。注意实参 pointer _ 1 和 pointer _ 2 是指针变量，在函数调用时，将实参变量的值传递给形参变量。采取的依然是"值传递"方式。因此虚实结合后形参 p1 的值为 &a，p2 的值为 &b。这时 p1 和 pointer _ 1 指向变量 a，p2 和 pointer _ 2 指向变量 b，如图 8.9 所示。

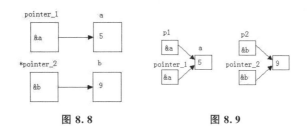

图 8.8　　　　　　　　　　　　图 8.9

接着执行执行 swap 函数的函数体使 * p1 和 * p2 的值互换，也就是使 a 和 b 的值互换，如图 8.10 所示。

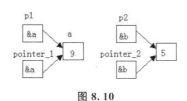

图 8.10

函数调用结束后，p1 和 p2 不复存在（已释放）如图 8.11 所示。

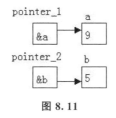

图 8.11

最后在 main 函数中输出的 a 和 b 的值是已经过交换的值。

请注意交换 * p1 和 * p2 的值是如何实现的。请找出下列程序段的错误：

```
swap（int * p1，int * p2）
{int * temp；
 * temp＝ * p1；        /* 此语句有问题 */
 * p1＝ * p2；
 * p2＝temp；
}
```

请考虑下面的函数能否实现实现 a 和 b 互换。

```
swap（int x，int y）
{int temp；
temp＝x；
x＝y；
y＝temp；
}
```

如果在 main 函数中用"swap（a，b）;"调用 swap 函数，会有什么结果呢？请看图 8－12 所示。

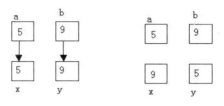

图 8.12

例 8.4 请注意，不能企图通过改变指针形参的值而使指针实参的值改变。

```
swap（int * p1，int * p2）
{int * p;
p＝p1;
p1＝p2;
p2＝p;
}
main（）
{
int a，b;
int * pointer _ 1，* pointer _ 2;
scanf（"%d,%d"，&a，&b）;
pointer _ 1＝&a; pointer _ 2＝&b;
if（a＜b）swap（pointer _ 1，pointer _ 2）;
printf（" \ n%d,%d \ n"，* pointer _ 1，* pointer _ 2）;
}
```

其中的问题在于不能实现如图 8.13 所示的第四步（d）。

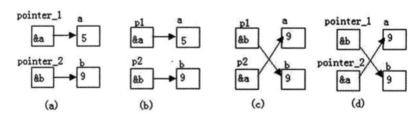

图 8.13

例 10.5 输入 a、b、c3 个整数，按大小顺序输出。

```
swap（int * pt1，int * pt2）
{int temp;
temp＝ * pt1;
```

```
* pt1＝ * pt2；
* pt2＝temp；
}
exchange (int * q1，int * q2，int * q3)
{ if (* q1＜ * q2) swap (q1，q2)；
if (* q1＜ * q3) swap (q1，q3)；
if (* q2＜ * q3) swap (q2，q3)；
}
main ()
{
int a，b，c，* p1，* p2，* p3；
scanf ("%d,%d,%d"，&a，&b，&c)；
p1＝&a；p2＝&b；p3＝&c；
exchange (p1，p2，p3)；
printf (" \ n%d,%d,%d \ n"，a，b，c)；
}
```

8.2.4　指针变量几个问题的进一步说明

指针变量可以进行某些运算，但其运算的种类是有限的。它只能进行赋值运算和部分算术运算及关系运算。

1. 指针运算符

（1）取地址运算符 &：取地址运算符 & 是单目运算符，其结合性为自右至左，其功能是取变量的地址。在 scanf 函数及前面介绍指针变量赋值中，我们已经了解并使用了 & 运算符。

（2）取内容运算符 *：取内容运算符 * 是单目运算符，其结合性为自右至左，用来表示指针变量所指的变量。在 * 运算符之后跟的变量必须是指针变量。

需要注意的是指针运算符 * 和指针变量说明中的指针说明符 * 不是一回事。在指针变量说明中，“ * ”是类型说明符，表示其后的变量是指针类型。而表达式中出现的“ * ”则是一个运算符用以表示指针变量所指的变量。

例 10.6

```
main () {
int a＝5，* p＝&a；
printf ("%d"，* p)；
}
```

表示指针变量 p 取得了整型变量 a 的地址。printf（"%d"，* p）语句表示输出变量 a 的值。

2. 指针变量的运算

（1）赋值运算：指针变量的赋值运算有以下几种形式。

指针变量初始化赋值，前面已作介绍。

把一个变量的地址赋予指向相同数据类型的指针变量。

例如：

int a，* pa；

pa＝&a；　　　/ * 把整型变量 a 的地址赋予整型指针变量 pa * /

把一个指针变量的值赋予指向相同类型变量的另一个指针变量。

如：

int a，* pa＝&a，* pb；

pb＝pa；　　　/ * 把 a 的地址赋予指针变量 pb * /

由于 pa，pb 均为指向整型变量的指针变量，因此可以相互赋值。

把数组的首地址赋予指向数组的指针变量。

例如：

int a［5］，* pa；

pa＝a；

（数组名表示数组的首地址，故可赋予指向数组的指针变量 pa）

也可写为：

pa＝&a［0］；　　/ * 数组第一个元素的地址也是整个数组的首地址，也可赋予 pa * /

当然也可采取初始化赋值的方法：

int a［5］，* pa＝a；

把字符串的首地址赋予指向字符类型的指针变量。

例如：

char * pc；

pc＝" C Language"；

或用初始化赋值的方法写为：

char * pc＝" C Language"；

这里应说明的是并不是把整个字符串装入指针变量，而是把存放该字符串的字符数组的首地址装入指针变量。在后面还将详细介绍。

把函数的入口地址赋予指向函数的指针变量。

例如：

int（* pf）（）；

pf＝f；　　　/ * f 为函数名 * /

（2）加减算术运算

对于指向数组的指针变量，可以加上或减去一个整数 n。设 pa 是指向数组 a 的指针变量，则 pa＋n，pa－n，pa＋＋，＋＋pa，pa－－，－－pa 运算都是合法的。指针变量加或减一个整数 n 的意义是把指针指向的当前位置（指向某数组元素）向前或向后移动 n 个位置。应该注意，数组指针变量向前或向后移动一个位置和地址加 1 或减 1 在概念上是不同的。因为数组可以有不同的类型，各种类型的数组元素所占的字节长度是不同的。如指针变量加 1，即向后移动 1 个位置表示指针变量指向下一个数据元素的首地址。而不是在原地址基础上加 1。例如：

　　int a［5］，＊pa；

　　pa＝a；　　　　／＊pa 指向数组 a，也是指向 a［0］＊／

　　pa＝pa＋2；　　／＊pa 指向 a［2］，即 pa 的值为 ＆pa［2］＊／

指针变量的加减运算只能对数组指针变量进行，对指向其他类型变量的指针变量作加减运算是毫无意义的。

　　（3）两个指针变量之间的运算：只有指向同一数组的两个指针变量之间才能进行运算，否则运算毫无意义。

　　两指针变量相减：两指针变量相减所得之差是两个指针所指数组元素之间相差的元素个数。实际上是两个指针值（地址）相减之差再除以该数组元素的长度（字节数）。例如 pf1 和 pf2 是指向同一浮点数组的两个指针变量，设 pf1 的值为 2010H，pf2 的值为 2000H，而浮点数组每个元素占 4 个字节，所以 pf1－pf2 的结果为（2000H－2010H）/4 ＝4，表示 pf1 和 pf2 之间相差 4 个元素。两个指针变量不能进行加法运算。例如，pf1＋ pf2 是什么意思呢？毫无实际意义。

　　两指针变量进行关系运算：指向同一数组的两指针变量进行关系运算可表示它们所指数组元素之间的关系。

　　例如：

　　pf1＝＝pf2 表示 pf1 和 pf2 指向同一数组元素；

　　pf1＞pf2 表示 pf1 处于高地址位置；

　　pf1＜pf2 表示 pf2 处于低地址位置。

　　指针变量还可以与 0 比较。

　　设 p 为指针变量，则 p＝＝0 表明 p 是空指针，它不指向任何变量；

　　p！＝0 表示 p 不是空指针。

　　空指针是由对指针变量赋予 0 值而得到的。

　　例如：

　　＃define NULL 0

　　int ＊p＝NULL；

　　对指针变量赋 0 值和不赋值是不同的。指针变量未赋值时，可以是任意值，是不能使用的。否则将造成意外错误。而指针变量赋 0 值后，则可以使用，只是它不指向具体的变量而已。

　　例 8.7

　　main（）｛

　　int a＝10，b＝20，s，t，＊pa，＊pb；/＊说明 pa，pb 为整型指针变量＊/

```
pa＝&a;                           /＊给指针变量 pa 赋值，pa 指向变量 a＊/
pb＝&b;                           /＊给指针变量 pb 赋值，pb 指向变量 b＊/
s＝＊pa＋＊pb;                      /＊求 a＋b 之和，（＊pa 就是 a，＊pb 就是
b）＊/
t＝＊pa＊＊pb;                      /＊本行是求 a＊b 之积＊/
printf（" a＝%d \ nb＝%d \ na＋b＝%d \ na＊b＝%d \ n", a, b, a＋b, a＊b）;
printf（" s＝%d \ nt＝%d \ n", s, t）;
}
```

例 8.8

```
main（）{
int a, b, c, ＊pmax, ＊pmin;                /＊pmax, pmin 为整型指针变量＊/
printf（" input three numbers：\ n"）;    /＊输入提示＊/
scanf（"%d%d%d", &a, &b, &c）;             /＊输入三个数字＊/
if（a＞b）{                                /＊如果第一个数字大于第二个数字...＊/
pmax＝&a;                        /＊指针变量赋值＊/
pmin＝&b;}                       /＊指针变量赋值＊/
else {
pmax＝&b;                        /＊指针变量赋值＊/
pmin＝&a;}                       /＊指针变量赋值＊/
if（c＞＊pmax）pmax＝&c;          /＊判断并赋值＊/
if（c＜＊pmin）pmin＝&c;          /＊判断并赋值＊/
printf（" max＝%d \ nmin＝%d \ n", ＊pmax, ＊pmin）; /＊输出结果＊/
}
```

8.3　数组指针和指向数组的指针变量

一个变量有一个地址，一个数组包含若干元素，每个数组元素都在内存中占用存储单元，它们都有相应的地址。所谓数组的指针是指数组的起始地址，数组元素的指针是数组元素的地址。

8.3.1　指向数组元素的指针

一个数组是由连续的一块内存单元组成的。数组名就是这块连续内存单元的首地址。一个数组也是由各个数组元素（下标变量）组成的。每个数组元素按其类型不同占有几个

连续的内存单元。一个数组元素的首地址也是指它所占有的几个内存单元的首地址。

定义一个指向数组元素的指针变量的方法，与以前介绍的指针变量相同。

例如：

int a［10］；　　　／＊定义 a 为包含 10 个整型数据的数组＊／

int ＊p；　　　　　／＊定义 p 为指向整型变量的指针＊／

应当注意，因为数组为 int 型，所以指针变量也应为指向 int 型的指针变量。下面是对指针变量赋值：

p＝&a［0］；

把 a［0］元素的地址赋给指针变量 p。也就是说，p 指向 a 数组的第 0 号元素。

c 语言规定，数组名代表数组的首地址，也就是第 0 号元素的地址。因此，下面两个语句等价：

p＝&a［0］；

p＝a；

在定义指针变量时可以赋给初值：

int ＊p＝&a［0］；

它等效于：

int ＊p；

p＝&a［0］；

当然定义时也可以写成：

int ＊p＝a；

从图 8.14 中我们可以看出有以下关系：

p，a，&a［0］均指向同一单元，它们是数组 a 的首地址，也是 0 号元素 a［0］的首地址。应该说明的是 p 是变量，而 a，&a［0］都是常量。在编程时应予以注意。

数组指针变量说明的一般形式为：

类型说明符　＊指针变量名；

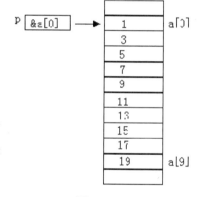

图 8.14

其中类型说明符表示所指数组的类型。从一般形式可以看出指向数组的指针变量和指向普通变量的指针变量的说明是相同的。

8.3.2　通过指针引用数组元素

c 语言规定：如果指针变量 p 已指向数组中的一个元素，则 p＋1 指向同一数组中的下一个元素。

引入指针变量后，就可以用两种方法来访问数组元素了，如图 8.15 所示。

如果 p 的初值为 &a［0］，则：

（1）p＋i 和 a＋i 就是 a［i］的地址，或者说它们指向 a 数组的第 i 个元素。

（2）＊（p＋i）或＊（a＋i）就是 p＋i 或 a＋i 所指向的数组元素，即 a［i］。例如，

＊（p＋5）或＊（a＋5）就是 a [5]。

（3）指向数组的指针变量也可以带下标，如 p [i] 与 ＊（p＋i）等价。

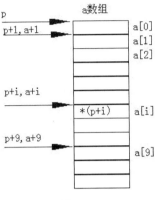

图 8.15

根据以上叙述，引用一个数组元素可以用：

（1）下标法，即用 a [i] 形式访问数组元素。在前面介绍数组时都是采用这种方法。

（2）指针法，即采用 ＊（a＋i）或 ＊（p＋i）形式，用间接访问的方法来访问数组元素，其中 a 是数组名，p 是指向数组的指针变量，其处值 p＝a。

例 8.9 输出数组中的全部元素。（下标法）

```
main () {
int a [10], i;
for (i=0; i<10; i++)
a [i] =i;
for (i=0; i<5; i++)
printf (" a [%d] =%d \ n", i, a [i] );
}
```

例 8.10 输出数组中的全部元素。（通过数组名计算元素的地址，找出元素的值）

```
main () {
int a [10], i;
for (i=0; i<10; i++)
＊（a+i) =i;
for (i=0; i<10; i++)
printf (" a [%d] =%d \ n", i, ＊（a+i) );
}
```

例 8.11 输出数组中的全部元素。（用指针变量指向元素）

```
main () {
int a [10], I, ＊p;
p=a;
```

```
for (i=0; i<10; i++)
* (p+i) =i;
for (i=0; i<10; i++)
printf (" a [%d] =%d \ n", i, * (p+i) );
}
```

例 8.12
```
main () {
int a [10], i, * p=a;
for (i=0; i<10;) {
* p=i;
printf (" a [%d] =%d \ n", i++, * p++);
}
}
```

几个注意的问题：

（1）指针变量可以实现本身的值的改变。如 p++是合法的；而 a++是错误的。因为 a 是数组名，它是数组的首地址，是常量。

（2）要注意指针变量的当前值。请看下面的程序。

例 8.13 找出错误。
```
main () {
int * p, i, a [10];
p=a;
for (i=0; i<10; i++)
* p++=i;
for (i=0; i<10; i++)
printf (" a [%d] =%d \ n", i, * p++);
}
```

例 8.14 改正。
```
main () {
int * p, i, a [10];
p=a;
for (i=0; i<10; i++)
* p++=i;
p=a;
for (i=0; i<10; i++)
printf (" a [%d] =%d \ n", i, * p++);
}
```

（3）从上例可以看出，虽然定义数组时指定它包含 10 个元素，但指针变量可以指到数组以后的内存单元，系统并不认为非法。

（4）＊p++，由于++和＊同优先级，结合方向自右而左，等价于＊（p++）。

（5）＊（p++）与＊（++p）作用不同。若p的初值为a，则＊（p++）等价a [0]，＊（++p）等价a [1]。

（6）（＊p）++表示p所指向的元素值加1。

（7）如果p当前指向a数组中的第i个元素，则

＊（p－－）相当于a [i－－]；

＊（++p）相当于a [++i]；

＊（－－p）相当于a [－－i]。

8.3.3 数组名作函数参数

数组名可以作函数的实参和形参。如：

```
main ()
{int array [10];
……
……
f (array，10)；
……
……
}
f (int arr []，int n)；
{
……
……
}
```

array为实参数组名，arr为形参数组名。在学习指针变量之后就更容易理解这个问题了。数组名就是数组的首地址，实参向形参传送数组名实际上就是传送数组的地址，形参得到该地址后也指向同一数组。这就好像同一件物品有两个彼此不同的名称一样，如图8.16。

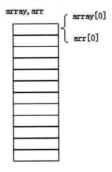

图8.16

同样，指针变量的值也是地址，数组指针变量的值即为数组的首地址，当然也可作为函数的参数使用。

例 8.15

```
float aver (float * pa)；
main ()｛
float sco [5]，av，* sp；
int i；
sp＝sco；
printf (" \ ninput 5 scores：\ n" )；
for (i＝0；i＜5；i＋＋) scanf ("%f"，& sco [i] )；
av＝aver (sp)；
printf (" average score is %5.2f"，av)；
｝
float aver (float * pa)
｛
int i；
float av，s＝0；
for (i＝0；i＜5；i＋＋) s＝s＋ * pa＋＋；
av＝s/5；
return av；
｝
```

例 8.16 将数组 a 中的 n 个整数按相反顺序存放。

算法为：将 a [0] 与 a [n−1] 对换，再 a [1] 与 a [n−2] 对换……，直到将 a [(n−1/2)] 与 a [n−int ((n−1) /2)] 对换。今用循环处理此问题，设两个"位置指示变量"i 和 j，i 的初值为 0，j 的初值为 n−1。将 a [i] 与 a [j] 交换，然后使 i 的值加 1，j 的值减 1，再将 a [i] 与 a [j] 交换，直到 i＝(n−1) /2 为止，如图 8.17 所示。

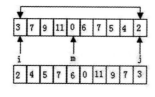

图 8.17

程序如下：

```
void inv (int x []，int n)     /* 形参 x 是数组名 */
｛
int temp，i，j，m＝(n−1) /2；
for (i＝0；i＜＝m；i＋＋)
```

```
{j=n-1-i;
temp=x [i]; x [i] =x [j]; x [j] =temp;}
return;
}
main ()
{int i, a [10] = {3, 7, 9, 11, 0, 6, 7, 5, 4, 2};
printf (" The original array: \ n" );
for (i=0; i<10; i++)
printf ("%d,", a [i] );
printf (" \ n" );
inv (a, 10);
printf (" The array has benn inverted: \ n" );
for (i=0; i<10; i++)
printf ("%d,", a [i] );
printf (" \ n" );
}
```

对此程序可以做一些改动。将函数 inv 中的形参 x 改成指针变量。

例 8.17 对例 8.16 可以做一些改动。将函数 inv 中的形参 x 改成指针变量。

程序如下：

```
void inv (int * x, int n)     /* 形参 x 为指针变量 */
{
int * p, temp, * i, * j, m= (n-1) /2;
i=x; j=x+n-1; p=x+m;
for (; i<=p; i++, j--)
{temp= * i; * i= * j; * j=temp;}
return;
}
main ()
{int i, a [10] = {3, 7, 9, 11, 0, 6, 7, 5, 4, 2};
printf (" The original array: \ n" );
for (i=0; i<10; i++)
printf ("%d,", a [i] );
printf (" \ n" );
inv (a, 10);
printf (" The array has benn inverted: \ n" );
for (i=0; i<10; i++)
printf ("%d,", a [i] );
```

```
printf（" \ n"）;
}
```

运行情况与前一程序相同。

例 8.18 从 0 个数中找出其中最大值和最小值。

调用一个函数只能得到一个返回值，今用全局变量在函数之间"传递"数据。程序如下：

```
int max，min;            / * 全局变量 * /
void max _ min _ value （int array []，int n）
{int * p，* array _ end;
array _ end＝array＋n;
max＝min＝ * array;
for （p＝array＋1；p＜array _ end；p＋＋）
if （ * p＞max） max＝ * p;
else if （ * p＜min） min＝ * p;
return;
}
main （）
{int i，number [10];
printf （" enter 10 integer umbers： \ n" ）;
for （i＝0；i＜10；i＋＋）
scanf （"%d"，&number [i] ）;
max _ min _ value （number，10）;
printf （" \ nmax=%d，min=%d \ n"，max，min）;
}
```

说明：

（1）在函数 max _ min _ value 中求出的最大值和最小值放在 max 和 min 中。由于它们是全局，因此在主函数中可以直接使用。

（2）函数 max _ min _ value 中的语句：

max＝min＝ * array;

array 是数组名，它接收从实参传来的数组 numuber 的首地址。

* array 相当于 * （&array [0]）。上述语句与 max＝min＝array [0];等价。

（3）在执行 for 循环时，p 的初值为 array＋1，也就是使 p 指向 array [1]。以后每次执行 p＋＋，使 p 指向下一个元素。每次将 * p 和 max 与 min 比较。将大者放入 max，小者放 min。

（4）函数 max _ min _ value 的形参 array 可以改为指针变量类型。实参也可以不用数组名，而用指针变量传递地址，如图 8.18 所示。

数组number, array

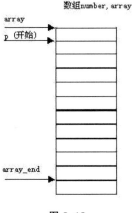

图 8.18

例 8.19　程序可改为：

int max，min；　　　　/＊全局变量＊/

void max＿min＿value（int ＊array，int n）

｛int ＊p，＊array＿end；

array＿end＝array＋n；

max＝min＝＊array；

for（p＝array＋1；p＜array＿end；p＋＋）

if（＊p＞max）max＝＊p；

else if（＊p＜min）min＝＊p；

return；

｝

main（）

｛int i，number［10］，＊p；

p＝number；　　　　　　　/＊使 p 指向 number 数组＊/

printf（"enter 10 integer umbers：\n"）；

for（i＝0；i＜10；i＋＋，p＋＋）

scanf（"%d"，p）；

p＝number；

max＿min＿value（p，10）；

printf（"\nmax＝%d，min＝%d\n"，max，min）；

｝

归纳起来，如果有一个实参数组，想在函数中改变此数组的元素的值，实参与形参的对应关系有以下 4 种：

（1）形参和实参都是数组名。

main（）

```
{int a [10];
……
f (a, 10)
……
f (int x [], int n)
{
……
}
}
```

a 和 x 指的是同一组数组。

（2）实用数组，形参用指针变量。

```
main ()
{int a [10];
……
f (a, 10)
……
f (int * x, int n)
{
……
}
}
```

（3）实参、型参都用指针变量。

（4）实参为指针变量，型参为数组名。

例 8.20 用实参指针变量改写将 n 个整数按相反顺序存放。

```
void inv (int * x, int n)
{int * p, m, temp, * i, * j;
m= (n−1) /2;
i=x; j=x+n−1; p=x+m;
for (; i<=p; i++, j−−)
{temp= * i; * i= * j; * j=temp;}
return;
}
main ()
{int i, arr [10] = {3, 7, 9, 11, 0, 6, 7, 5, 4, 2}, * p;
p=arr;
printf (" The original array: \ n" );
for (i=0; i<10; i++, p++)
```

```
printf ("%d,", * p);
printf (" \ n" );
p＝arr;
inv (p, 10);
printf (" The array has benn inverted：\ n" );
for (p＝arr; p＜arr＋10; p++)
printf ("%d,", * p);
printf (" \ n" );
}
```

注意：main 函数中的指针变量 p 是有确定值的。即如果用指针变作实参，必须现使指针变量有确定值，指向一个已定义的数组。

例 8.21 用选择法对 10 个整数排序。

```
main ()
{int * p, i, a [10] ＝{3, 7, 9, 11, 0, 6, 7, 5, 4, 2};
printf (" The original array：\ n" );
for (i＝0; i＜10; i++)
printf ("%d,", a [i] );
printf (" \ n" );
p＝a;
sort (p, 10);
for (p＝a, i＝0; i＜10; i++)
{printf ("%d   ", * p); p++;}
printf (" \ n" );
}
sort (int x [], int n)
{int i, j, k, t;
for (i＝0; i＜n－1; i++)
{k＝i;
for (j＝i+1; j＜n; j++)
if (x [j] ＞x [k] ) k＝j;
if (k! ＝i)
{t＝x [i]; x [i] ＝x [k]; x [k] ＝t;}
}
}
```

说明：函数 sort 用数组名作为形参，也可改为用指针变量，这时函数的首部可以改为：

sort (int * x, int n) 其他可一律不改。

8.3.4 指向多维数组的指针和指针变量

本小节以二维数组为例介绍多维数组的指针变量。

1. 多维数组的地址

设有整型二维数组 a［3］［4］如下：

0　1　2　3
4　5　6　7
8　9　10　11

它的定义为：

int a［3］［4］＝ {｛0，1，2，3｝，｛4，5，6，7｝，｛8，9，10，11｝ }

设数组 a 的首地址为 1000，各下标变量的首地址及其值如图 8.19 所示。

1000 0	1002 1	1004 2	1006 3
1008 4	1010 5	1012 6	1014 7
1016 8	1018 9	1020 11	1022 12

图 8.19

前面介绍过，C 语言允许把一个二维数组分解为多个一维数组来处理。因此数组 a 可分解为三个一维数组，即 a［0］，a［1］，a［2］。每一个一维数组又含有四个元素，如图8.20 所示。

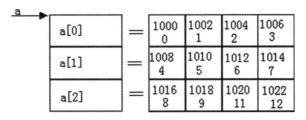

图 8.20

例如 a［0］数组，含有 a［0］［0］，a［0］［1］，a［0］［2］，a［0］［3］四个元素。

数组及数组元素的地址表示如下：

从二维数组的角度来看，a 是二维数组名，a 代表整个二维数组的首地址，也是二维数组 0 行的首地址，等于 1000。a＋1 代表第一行的首地址，等于 1008。如图8.21 所示。

a［0］是第一个一维数组的数组名和首地址，因此

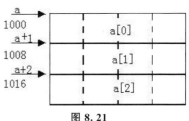

图 8.21

也为1000。＊（a＋0）或＊a是与a［0］等效的，它表示一维数组a［0］0号元素的首地址，也为1000。&a［0］［0］是二维数组a的0行0列元素首地址，同样是1000。因此，a，a［0］，＊（a＋0），＊a，&a［0］［0］是相等的。

同理，a＋1是二维数组1行的首地址，等于1008。a［1］是第二个一维数组的数组名和首地址，因此也为1008。&a［1］［0］是二维数组a的1行0列元素地址，也是1008。因此a＋1，a［1］，＊（a＋1），&a［1］［0］是等同的。

由此可得出：a＋i，a［i］，＊（a＋i），&a［i］［0］是等同的。

此外，&a［i］和a［i］也是等同的。因为在二维数组中不能把&a［i］理解为元素a［i］的地址，不存在元素a［i］。C语言规定，它是一种地址计算方法，表示数组a第i行首地址。由此，我们得出：a［i］，&a［i］，＊（a＋i）和a＋i也都是等同的。

另外，a［0］也可以看成是a［0］＋0，是一维数组a［0］的0号元素的首地址，而a［0］＋1则是a［0］的1号元素首地址，由此可得出a［i］＋j则是一维数组a［i］的j号元素首地址，它等于&a［i］［j］，如图8.22所示。

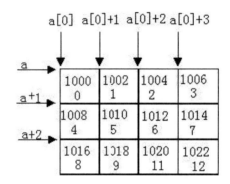

图8.22

由a［i］＝＊（a＋i）得a［i］＋j＝＊（a＋i）＋j。由于＊（a＋i）＋j是二维数组a的i行j列元素的首地址，所以，该元素的值等于＊（＊（a＋i）＋j）。

例8.22

```
main（）{
int a［3］［4］＝{0，1，2，3，4，5，6，7，8，9，10，11};
printf（"%d,"，a）;
printf（"%d,"，＊a）;
printf（"%d,"，a［0］）;
printf（"%d,"，&a［0］）;
printf（"%d\n"，&a［0］［0］）;
printf（"%d,"，a＋1）;
printf（"%d,"，＊（a＋1））;
printf（"%d,"，a［1］）;
printf（"%d,"，&a［1］）;
```

```
printf ("%d \ n", &a [1] [0] );
printf ("%d,", a+2);
printf ("%d,", * (a+2) );
printf ("%d,", a [2] );
printf ("%d,", &a [2] );
printf ("%d \ n", &a [2] [0] );
printf ("%d,", a [1] +1);
printf ("%d \ n", * (a+1) +1);
printf ("%d,%d \ n", * (a [1] +1), * (* (a+1) +1) );
}
```

2. 指向多维数组的指针变量

把二维数组 a 分解为一维数组 a [0]，a [1]，a [2] 之后，设 p 为指向二维数组的指针变量。可定义为：

$$\text{int } (*p) [4]$$

它表示 p 是一个指针变量，它指向包含 4 个元素的一维数组。若指向第一个一维数组 a [0]，其值等于 a，a [0]，或 &a [0] [0] 等。而 p+i 则指向一维数组 a [i]。从前面的分析可得出 * (p+i) +j 是二维数组 i 行 j 列的元素的地址，而 * (* (p+i) +j) 则是 i 行 j 列元素的值。

二维数组指针变量说明的一般形式为：

类型说明符　（*指针变量名）［长度］

其中"类型说明符"为所指数组的数据类型。"*"表示其后的变量是指针类型。"长度"表示二维数组分解为多个一维数组时，一维数组的长度，也就是二维数组的列数。应注意"（*指针变量名）"两边的括号不可少，如缺少括号则表示是指针数组（本章后面介绍），意义就完全不同了。

例 8.23
```
main () {
int a [3] [4] = {0, 1, 2, 3, 4, 5, 6, 7, 8, 9, 10, 11};
int (*p) [4];
int i, j;
p=a;
for (i=0; i<3; i++)
{for (j=0; j<4; j++) printf ("%2d  ", * (* (p+i) +j) );
printf (" \ n" );}
}
```

8.4 字符串的指针指向字符串的针指变量

8.4.1 字符串的表示形式

在 c 语言中，可以用两种方法访问一个字符串。

（1）用字符数组存放一个字符串，然后输出该字符串。

例 8.24

```
main（）｛
char string ［］ ＝" I love China！";
printf （"％s ＼ n"，string）；
｝
```

说明： 和前面介绍的数组属性一样，string 是数组名，它代表字符数组的首地址，如图 8.23 所示。

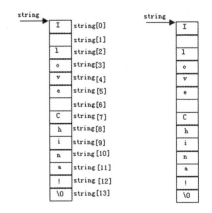

图 8.23

（2）用字符串指针指向一个字符串。

例 8.25

```
main（）｛
char ＊string＝" I love China！";
printf （"％s ＼ n"，string）；
｝
```

字符串指针变量的定义说明与指向字符变量的指针变量说明是相同的。只能按对指针变量的赋值不同来区别。对指向字符变量的指针变量应赋予该字符变量的地址。

如：

$$\text{char c, } *p = \&c;$$

表示 p 是一个指向字符变量 c 的指针变量。

而：

$$\text{char } *s = " C Language";$$

则表示 s 是一个指向字符串的指针变量。把字符串的首地址赋予 s。

上例中，首先定义 string 是一个字符指针变量，然后把字符串的首地址赋予 string（应写出整个字符串，以便编译系统把该串装入连续的一块内存单元），并把首地址送入 string。程序中的：

char * ps=" C Language";

等效于：

char * ps;

ps=" C Language";

例 8.26　输出字符串中 n 个字符后的所有字符。

```
main () {
char * ps=" this is a book";
int n=10;
ps=ps+n;
printf ("%s \ n", ps);
}
```

运行结果为：

book

在程序中对 ps 初始化时，即把字符串首地址赋予 ps，当 ps= ps+10 之后，ps 指向字符 "b"，因此输出为" book"。

例 8.27　在输入的字符串中查找有无 'k' 字符。

```
main () {
char st [20], * ps;
int i;
printf (" input a string: \ n" );
ps=st;
scanf ("%s", ps);
for (i=0; ps [i]! ='\ 0'; i++)
if (ps [i] =='k') {
printf (" there is a 'k' in the string \ n" );
break;
}
if (ps [i] =='\ 0') printf (" There is no 'k' in the string \ n" );
```

}

例 8.28 本例是将指针变量指向一个格式字符串，用在 printf 函数中，用于输出二维数组的各种地址表示的值。但在 printf 语句中用指针变量 PF 代替了格式串。这也是程序中常用的方法。

```
main () {
static int a [3] [4] = {0, 1, 2, 3, 4, 5, 6, 7, 8, 9, 10, 11};
char * PF;
PF="%d,%d,%d,%d,%d \ n";
printf (PF, a, * a, a [0], &a [0], &a [0] [0] );
printf (PF, a+1, * (a+1), a [1], &a [1], &a [1] [0] );
printf (PF, a+2, * (a+2), a [2], &a [2], &a [2] [0] );
printf ("%d,%d \ n", a [1] +1, * (a+1) +1);
printf ("%d,%d \ n", * (a [1] +1), * ( * (a+1) +1));
}
```

例 8.29 本例是把字符串指针作为函数参数的使用。要求把一个字符串的内容复制到另一个字符串中，并且不能使用 strcpy 函数。函数 cprstr 的形参为两个字符指针变量。pss 指向源字符串，pds 指向目标字符串。注意表达式：（ * pds= * pss)! ='\0'的用法。

```
cpystr (char * pss, char * pds) {
while ( ( * pds= * pss)! ='\0') {
pds++;
pss++; }
}
main () {
char * pa=" CHINA", b [10], * pb;
pb=b;
cpystr (pa, pb);
printf (" string a=%s \ nstring b=%s \ n", pa, pb);
}
```

在本例中，程序完成了两项工作：一是把 pss 指向的源字符串复制到 pds 所指向的目标字符串中，二是判断所复制的字符是否为'\0'，若是则表明源字符串结束，不再循环。否则，pds 和 pss 都加 1，指向下一字符。在主函数中，以指针变量 pa，pb 为实参，分别取得确定值后调用 cprstr 函数。由于采用的指针变量 pa 和 pss，pb 和 pds 均指向同一字符串，因此在主函数和 cprstr 函数中均可使用这些字符串。也可以把 cprstr 函数简化为以下形式：

```
cprstr (char * pss, char * pds)
{while ( ( * pds++ = * pss++)! ='\0');}
```

即把指针的移动和赋值合并在一个语句中。进一步分析还可发现\0'的 ASCII码为 0，对于 while 语句只看表达式的值为非 0 就循环，为 0 则结束循环，因此也可省去"! ＝'\0'"这一判断部分，而写为以下形式：

cprstr（char ＊pss，char ＊pds)

{while（＊pdss＋＋＝＊pss＋＋);}

表达式的意义可解释为，源字符向目标字符赋值，移动指针，若所赋值为非 0 则循环，否则结束循环。这样使程序更加简洁。

例 8.30 简化后的程序如下所示。

cpystr（char ＊pss，char ＊pds){

while（＊pds＋＋＝＊pss＋＋);

}

main（）{

char ＊pa=" CHINA"，b [10]，＊pb;

pb=b;

cpystr（pa，pb);

printf（" string a=％s \ nstring b=％s \ n"，pa，pb);

}

8.4.2　使用字符串指针变量与字符数组的区别

用字符数组和字符指针变量都可实现字符串的存储和运算。但是两者是有区别的。在使用时应注意以下几个问题：

1. 字符串指针变量

字符串指针变量本身是一个变量，用于存放字符串的首地址。而字符串本身是存放在以该首地址为首的一块连续的内存空间中并以 '\0' 作为串的结束。字符数组是由于若干个数组元素组成的，它可用来存放整个字符串。

2. 对字符串指针方式

char ＊ps=" C Language";

可以写为：

char ＊ps;

ps=" C Language";

而对数组方式：

static char st [] ＝ {" C Language" };

不能写为：

char st [20];

st＝ {" C Language" };

而只能对字符数组的各元素逐个赋值。

从以上几点可以看出字符串指针变量与字符数组在使用时的区别，同时也可看出使用指针变量更加方便。

前面说过，当一个指针变量在未取得确定地址前使用是危险的，容易引起错误。但是对指针变量直接赋值是可以的。因为 C 系统对指针变量赋值时要给以确定的地址。

因此，

char ＊ps＝" C Langage";

或者

char ＊ps;

ps＝" C Language";

都是合法的。

8.5　函数指针变量

在 C 语言中，一个函数总是占用一段连续的内存区，而函数名就是该函数所占内存区的首地址。我们可以把函数的这个首地址（或称入口地址）赋予一个指针变量，使该指针变量指向该函数。然后通过指针变量就可以找到并调用这个函数。我们把这种指向函数的指针变量称为"函数指针变量"。

函数指针变量定义的一般形式为：

类型说明符　（＊指针变量名）（）;

其中"类型说明符"表示被指函数的返回值的类型。"（＊ 指针变量名）"表示"＊"后面的变量是定义的指针变量。最后的空括号表示指针变量所指的是一个函数。

例如：

int（＊pf）（）;

表示 pf 是一个指向函数入口的指针变量，该函数的返回值（函数值）是整型。

例 8.31　本例用来说明用指针形式实现对函数调用的方法。

int max（int a，int b）{

if（a＞b）return a;

else return b;

}

main（）{

int max（int a，int b）;

int（＊pmax）（）;

int x，y，z;

pmax＝max;

```
printf（" input two numbers：\ n"）;
scanf（"%d%d"，&x，&y）;
z=（*pmax）（x，y）;
printf（" maxmum=%d"，z）;
}
```

从上述程序可以看出用，函数指针变量形式调用函数的步骤如下：

（1）先定义函数指针变量，如后一程序中第 9 行 int（*pmax）（）；定义 pmax 为函数指针变量。

（2）把被调函数的入口地址（函数名）赋予该函数指针变量，如程序中第 11 行 pmax=max;

（3）用函数指针变量形式调用函数，如程序第 14 行 z=（*pmax）（x，y）;

（4）调用函数的一般形式为：

（*指针变量名）（实参表）

使用函数指针变量还应注意以下两点：

①函数指针变量不能进行算术运算，这是与数组指针变量不同的。数组指针变量加减一个整数可使指针移动指向后面或前面的数组元素，而函数指针的移动是毫无意义的。

②函数调用中"（*指针变量名）"的两边的括号不可少，其中的 * 不应该理解为求值运算，在此处它只是一种表示符号。

8.6　指针型函数

前面我们介绍过，所谓函数类型是指函数返回值的类型。在 C 语言中允许一个函数的返回值是一个指针（即地址），这种返回指针值的函数称为指针型函数。

定义指针型函数的一般形式为：

类型说明符 *函数名（形参表）

```
{
……        / * 函数体 * /
}
```

其中函数名之前加了"*"号表明这是一个指针型函数，即返回值是一个指针。类型说明符表示了返回的指针值所指向的数据类型。

如：

```
int * ap（int x，int y）
{
……        / * 函数体 * /
```

```
}
```

表示 ap 是一个返回指针值的指针型函数，它返回的指针指向一个整型变量。

例 8.32　本程序是通过指针函数，输入一个 1～7 之间的整数，输出对应的星期名。

```
main () {
int i;
char * day _ name (int n);
printf （" input Day No：\ n" );
scanf ("%d"，&i);
if (i<0) exit (1);
printf （" Day No：%2d——>%s \ n"，i，day _ name (i) );
}
char * day _ name (int n) {
static char * name [] = { " Illegal day",
                " Monday",
                " Tuesday",
                " Wednesday",
                " Thursday",
                " Friday",
                " Saturday",
                " Sunday" };
return （（n<1 | | n>7)？name [0]：name [n] );
}
```

本例中定义了一个指针型函数 day _ name，它的返回值指向一个字符串。该函数中定义了一个静态指针数组 name。name 数组初始化赋值为八个字符串，分别表示各个星期名及出错提示。形参 n 表示与星期名所对应的整数。在主函数中，把输入的整数 i 作为实参，在 printf 语句中调用 day _ name 函数并把 i 值传送给形参 n。day _ name 函数中的 return 语句包含一个条件表达式，n 值若大于 7 或小于 1 则把 name [0] 指针返回主函数输出出错提示字符串 "Illegal day"。否则返回主函数输出对应的星期名。主函数中的第 7 行是个条件语句，其语义是，如输入为负数 （i<0) 则中止程序运行退出程序。exit 是一个库函数，exit (1) 表示发生错误后退出程序，exit (0) 表示正常退出。

应该特别注意的是函数指针变量和指针型函数这两者在写法和意义上的区别。如 int (* p) () 和 int * p () 是两个完全不同的量。

int (* p) () 是一个变量说明，说明 p 是一个指向函数入口的指针变量，该函数的返回值是整型量，(* p) 的两边的括号不能少。

int * p () 则不是变量说明而是函数说明，说明 p 是一个指针型函数，其返回值是一个指向整型量的指针，* p 两边没有括号。作为函数说明，在括号内最好写入形式参数，这样便于与变量说明区别。

对于指针型函数定义，int ＊p（）只是函数头部分，一般还应该有函数体部分。

8.7 指针数组和指向指针的指针

8.7.1 指针数组的概念

一个数组的元素值为指针则是指针数组。指针数组是一组有序的指针的集合。指针数组的所有元素都必须是具有相同存储类型和指向相同数据类型的指针变量。

指针数组说明的一般形式为：

类型说明符 ＊数组名［数组长度］

其中类型说明符为指针值所指向的变量的类型。

例如：

int ＊pa［3］

表示 pa 是一个指针数组，它有三个数组元素，每个元素值都是一个指针，指向整型变量。

例 8.33 通常可用一个指针数组来指向一个二维数组。指针数组中的每个元素被赋予二维数组每一行的首地址，因此也可理解为指向一个一维数组。

```
main（）{
int a［3］［3］＝{1，2，3，4，5，6，7，8，9}；
int ＊pa［3］＝{a［0］，a［1］，a［2］}；
int ＊p＝a［0］；
int i；
for（i＝0；i＜3；i＋＋）
printf（"%d,%d,%d \ n"，a［i］［2－i］，＊a［i］，＊（＊（a＋i）＋i））；
for（i＝0；i＜3；i＋＋）
printf（"%d,%d,%d \ n"，＊pa［i］，p［i］，＊（p＋i））；
}
```

本例程序中，pa 是一个指针数组，三个元素分别指向二维数组 a 的各行。然后用循环语句输出指定的数组元素。其中＊a［i］表示 i 行 0 列元素值；＊（＊（a＋i）＋i）表示 i 行 i 列的元素值；＊pa［i］表示 i 行 0 列元素值；由于 p 与 a［0］相同，故 p［i］表示 0 行 i 列的值；＊（p＋i）表示 0 行 i 列的值。读者可仔细领会元素值的各种不同的表示方法。

应该注意指针数组和二维数组指针变量的区别。这两者虽然都可用来表示二维数组，

但是其表示方法和意义是不同的。

二维数组指针变量是单个的变量,其一般形式中"(﹡指针变量名)"两边的括号不可少。而指针数组类型表示的是多个指针(一组有序指针)在一般形式中"﹡指针数组名"两边不能有括号。

例如:

int(﹡p)[3];

表示一个指向二维数组的指针变量。该二维数组的列数为3或分解为一维数组的长度为3。

int ﹡p[3]

表示p是一个指针数组,有三个下标变量p[0],p[1],p[2]均为指针变量。

指针数组也常用来表示一组字符串,这时指针数组的每个元素被赋予一个字符串的首地址。指向字符串的指针数组的初始化更为简单。例如在例8.32中即采用指针数组来表示一组字符串。其初始化赋值为:

char ﹡name[]={"Illagal day",
　　　　　　　 "Monday",
　　　　　　　 "Tuesday",
　　　　　　　 "Wednesday",
　　　　　　　 "Thursday",
　　　　　　　 "Friday",
　　　　　　　 "Saturday",
　　　　　　　 "Sunday"};

完成这个初始化赋值之后,name[0]即指向字符串"Illegal day",name[1]指向"Monday"......。

指针数组也可以用作函数参数。

例8.34 指针数组作指针型函数的参数。在本例主函数中,定义了一个指针数组name,并对name作了初始化赋值。其每个元素都指向一个字符串。然后又以name作为实参调用指针型函数day_name,在调用时把数组名name赋予形参变量name,输入的整数i作为第二个实参赋予形参n。在day_name函数中定义了两个指针变量pp1和pp2,pp1被赋予name[0]的值(即﹡name),pp2被赋予name[n]的值即﹡(name+n)。由条件表达式决定返回pp1或pp2指针给主函数中的指针变量ps。最后输出i和ps的值。

main(){
static char ﹡name[]={"Illegal day",
　　　　　　　　　 "Monday",
　　　　　　　　　 "Tuesday",
　　　　　　　　　 "Wednesday",
　　　　　　　　　 "Thursday",
　　　　　　　　　 "Friday",

```
                    "Saturday",
                    "Sunday" };
char * ps;
int i;
char * day _ name (char * name [], int n);
printf (" input Day No：\ n" );
scanf ("%d", &i);
if (i<0) exit (1);
ps＝day _ name (name，i);
printf (" Day No:%2d－－>%s \ n"，i，ps);
}
char * day _ name (char * name [], int n)
{
char * pp1，* pp2;
pp1＝* name;
pp2＝* （name＋n);
return ( (n<1 | | n>7)? pp1：pp2);
}
```

例 8.35　输入 5 个国名并按字母顺序排列后输出。现编程如下：

```
♯ include" string. h"
main () {
void sort (char * name [], int n);
void print (char * name [], int n);
static char * name [] = { " CHINA"," AMERICA"," AUSTRALIA",
                " FRANCE"," GERMAN" };
int n＝5;
sort (name, n);
print (name, n);
}
void sort (char * name [], int n) {
char * pt;
int i，j，k;
for (i=0; i<n-1; i++) {
k=i;
for (j=i+1; j<n; j++)
  if (strcmp (name [k], name [j] ) >0) k=j;
if (k! =i) {
```

```
    pt＝name［i］；
    name［i］＝name［k］；
    name［k］＝pt；
  }
 }
}
void print（char ＊ name［］，int n）{
int i；
for（i＝0；i＜n；i＋＋）printf（"％s \ n"，name［i］）；
}
```

说明：

在以前的例子中采用了普通的排序方法，逐个比较之后交换字符串的位置。交换字符串的物理位置是通过字符串复制函数完成的。反复的交换将使程序执行的速度很慢，同时由于各字符串（国名）的长度不同，又增加了存储管理的负担。用指针数组能很好地解决这些问题。把所有的字符串存放在一个数组中，把这些字符数组的首地址放在一个指针数组中，当需要交换两个字符串时，只须交换指针数组相应两元素的内容（地址）即可，而不必交换字符串本身。

本程序定义了两个函数，一个名为 sort 完成排序，其形参为指针数组 name，即为待排序的各字符串数组的指针。形参 n 为字符串的个数。另一个函数名为 print，用于排序后字符串的输出，其形参与 sort 的形参相同。主函数 main 中，定义了指针数组 name 并作了初始化赋值。然后分别调用 sort 函数和 print 函数完成排序和输出。值得说明的是在 sort 函数中，对两个字符串比较，采用了 strcmp 函数，strcmp 函数允许参与比较的字符串以指针方式出现。name［k］和 name［j］均为指针，因此是合法的。字符串比较后需要交换时，只交换指针数组元素的值，而不交换具体的字符串，这样将大大减少时间的开销，提高了运行效率。

8.7.2 指向指针的指针

如果一个指针变量存放的又是另一个指针变量的地址，则称这个指针变量为指向指针的指针变量。

在前面已经介绍过，通过指针访问变量称为间接访问。由于指针变量直接指向变量，所以称为"单级间址"。而如果通过指向指针的指针变量来访问变量则构成"二级间址"，如图 8.24 所示。

从下图可以看到，name 是一个指针数组，它的每一个元素是一个指针型数据，其值为地址。Name 是一个数据，它的每一个元素都有相应的

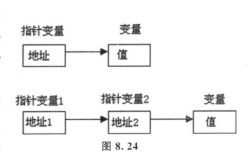
图 8.24

地址。数组名 name 代表该指针数组的首地址。name+1 是 mane [i] 的地址。name+1 就是指向指针型数据的指针（地址）。还可以设置一个指针变量 p，使它指向指针数组元素。P 就是指向指针型数据的指针变量。

怎样定义一个指向指针型数据的指针变量呢？如下：

char＊＊p；

p 前面有两个＊号，相当于＊（＊p）。显然＊p 是指针变量的定义形式，如果没有最前面的＊，那就是定义了一个指向字符数据的指针变量。现在它前面又有一个＊号，表示指针变量 p 是指向一个字符指针型变量的。＊p 就是 p 所指向的另一个指针变量。

从下图可以看到，name 是一个指针数组，它的每一个元素是一个指针型数据，其值为地址。name 是一个数组，它的每一个元素都有相应的地址。数组名 name 代表该指针数组的首地址。name+1 是 mane [i] 的地址。name+1 就是指向指针型数据的指针（地址）。还可以设置一个指针变量 p，使它指向指针数组元素。P 就是指向指针型数据的指针变量，如图 8.25 所示。

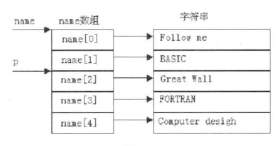

图 8.25

如果有：

p＝name+2；

printf（"%o\n"，＊p）；

printf（"%s\n"，＊p）；

则，第一个 printf 函数语句输出 name [2] 的值（它是一个地址），第二个 printf 函数语句以字符串形式（%s）输出字符串"Great Wall"。

例 8.36 使用指向指针的指针。

main（）

{char＊name []＝{" Follow me"," BASIC"," Great Wall"," FORTRAN"," Computer designn" }；

char＊＊p；

int i；

for（i＝0；i<5；i++）

{p＝name+i；

printf（"%s\n"，＊p）；

}

}

说明：

p 是指向指针的指针变量。

例 8.37　一个指针数组的元素指向数据的简单例子。

```
main ()
{static int a [5] = {1, 3, 5, 7, 9};
int * num [5] = {&a [0], &a [1], &a [2], &a [3], &a [4] };
int * * p, i;
p=num;
for (i=0; i<5; i++)
{printf ("%d \ t", * * p); p++;}
}
```

说明：

指针数组的元素只能存放地址。

8.7.3　main 函数的参数

前面介绍的 main 函数都是不带参数的。因此 main 后的括号都是空括号。实际上，main 函数可以带参数，这个参数可以认为是 main 函数的形式参数。C 语言规定 main 函数的参数只能有两个，习惯上这两个参数写为 argc 和 argv。因此，main 函数的函数头可写为：

main（argc，argv）

C 语言还规定 argc（第一个形参）必须是整型变量，argv（第二个形参）必须是指向字符串的指针数组。加上形参说明后，main 函数的函数头应写为：

main（int argc，char * argv []　）

由于 main 函数不能被其他函数调用，因此不可能在程序内部取得实际值。那么，在何处把实参值赋予 main 函数的形参呢？实际上，main 函数的参数值是从操作系统命令行上获得的。当我们要运行一个可执行文件时，在 DOS 提示符下键入文件名，再输入实际参数即可把这些实参传送到 main 的形参中去。

DOS 提示符下命令行的一般形式为：

C：\ >可执行文件名　参数　参数……；

但是应该特别注意的是，main 的两个形参和命令行中的参数在位置上不是一一对应的。因为，main 的形参只有二个，而命令行中的参数个数原则上未加限制。argc 参数表示了命令行中参数的个数（注意：文件名本身也算一个参数），argc 的值是在输入命令行时由系统按实际参数的个数自动赋予的。

例如有命令行为：

C：\ >E24　BASIC　foxpro　FORTRAN

由于文件名 E24 本身也算一个参数，所以共有 4 个参数，因此 argc 取得的值为 4。argv

参数是字符串指针数组，其各元素值为命令行中各字符串（参数均按字符串处理）的首地址。指针数组的长度即为参数个数。数组元素初值由系统自动赋予。其表示如图 8.26 所示：

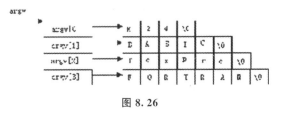

图 8.26

例 8.38

```
main （int argc，char ＊argv）{
while （argc－－＞1）
printf （"％s\n"，＊＋＋argv）;

}
```

本例是显示命令行中输入的参数。如果上例的可执行文件名为 e24. exe，存放在 A 驱动器的盘内。因此输入的命令行为：

C：\＞a：e24 BASIC foxpro FORTRAN

则运行结果为：

BASIC

foxpro

FORTRAN

该行共有 4 个参数，执行 main 时，argc 的初值即为 4。argv 的 4 个元素分为 4 个字符串的首地址。执行 while 语句，每循环一次 argv 值减 1，当 argv 等于 1 时停止循环，共循环三次，因此共可输出三个参数。在 printf 函数中，由于打印项＊＋＋argv 是先加 1 再打印，故第一次打印的是 argv [1] 所指的字符串 BASIC。第二、三次循环分别打印后二个字符串。而参数 e24 是文件名，不必输出。

8.8 有关指针的数据类型和指针运算的小结

8.8.1 有关指针的数据类型的小结

表 8.1 有关指针的数据类型

定　　义	含　　义
int i;	定义整型变量 i
int ＊p	p 为指向整型数据的指针变量

续表

定　义	含　义
int a [n];	定义整型数组 a，它有 n 个元素
int * p [n];	定义指针数组 p，它由 n 个指向整型数据的指针元素组成
int (* p) [n];	p 为指向含 n 个元素的一维数组的指针变量
int f ();	f 为带回整型函数值的函数
int * p ();	p 为带回一个指针的函数，该指针指向整型数据
int (* p) ();	p 为指向函数的指针，该函数返回一个整型值
int * * p;	P 是一个指针变量，它指向一个指向整型数据的指针变量

8.8.2　指针运算的小结

现把全部指针运算列出如下：

（1）指针变量加（减）一个整数：

例如：p＋＋、p－－、p＋i、p－i、p＋＝i、p－＝i

一个指针变量加（减）一个整数并不是简单地将原值加（减）一个整数，而是将该指针变量的原值（是一个地址）和它指向的变量所占用的内存单元字节数加（减）。

（2）指针变量赋值：将一个变量的地址赋给一个指针变量。

p＝&a;　　　　　　（将变量 a 的地址赋给 p）

p＝array;　　　　　（将数组 array 的首地址赋给 p）

p＝&array [i];　　　（将数组 array 第 i 个元素的地址赋给 p）

p＝max;　　　　　（max 为已定义的函数，将 max 的入口地址赋给 p）

p1＝p2;　　　　　　（p1 和 p2 都是指针变量，将 p2 的值赋给 p1）

注意：不能如下：

p＝1000;

（3）指针变量可以有空值，即该指针变量不指向任何变量：

p＝NULL;

（4）两个指针变量可以相减：如果两个指针变量指向同一个数组的元素，则两个指针变量值之差是两个指针之间的元素个数。

（5）两个指针变量比较：如果两个指针变量指向同一个数组的元素，则两个指针变量可以进行比较。指向前面的元素的指针变量"小于"指向后面的元素的指针变量。

8.8.3　void 指针类型

ANSI 新标准增加了一种"void"指针类型，即可以定义一个指针变量，但不指定它是指向哪一种类型数据。

练习题

一、选择题

1. 若有定义：int x，＊pb；则正确的赋值表达式是（　　　）。

   A. pb＝＆x　　　B. pb＝x　　　C. ＊pb＝＆x　　　D. ＊pb＝＊x

2. 若有以下程序：

```
#include  <stdio. h>
main ()
{printf ("%d \ n", NULL);      }
```

   程序的输出结果是（　　　）。

   A. 因变量无定义输出不定值　　　B. 0　　　C. −1　　　D. 1

3. 若有以下程序：

```
#include  <stdio. h>
void sub (int x, int y, int ＊z)
{    ＊z＝y−x;      }
main ()
{int  a, b, c;
sub (10, 5, ＆a);      sub (7, a, ＆b);      sub (a, b, ＆c);
printf ("%d,%d,%d \ n", a, b, c);
}
```

   程序的输出结果是（　　　）。

   A. 5，2，3　　　B. −5，−12，−7　　　C. −5，−12，−17　　　D. 5，−2，−7

4. 若有以下程序：

```
#include  <stdio. h>
main ()
{ int k＝2, m＝4, n＝6, ＊pk＝＆k, ＊pm＝＆m, ＊p;
＊ (p＝＆n) ＝ ＊pk ＊ ( ＊pm);      printf ("%d \ n", n);
}
```

   程序的输出结果是（　　　）。

   A. 4　　　B. 6　　　C. 8　　　D. 10

5. 若有以下程序：

```
#include <stdio. h>
void prtv (int ＊ x)
{printf ("%d \ n", ＋＋ ＊x);    }
```

```
main （ ）
{int a＝25；
prtv （&a）；
}
```

程序的输出结果是 （   ）。

　A. 23　　B. 24　　C. 25　　D. 26

6. 若有以下程序

```
♯include ＜stdio. h＞
main （）
{int    * * k,    * a，b＝100；
a＝ &b；    k＝&a；    printf （"％d \ n"，* * k）；
}
```

程序的输出结果是 （   ）。

　A. 运行出错　　B. 100　　C. a 的地址　　D. b 的地址

二、填空题

1. 以下程序段的输出结果是 （   ）。

```
int    * var，b；
b＝ 100；    var＝&b；    b＝ * var＋10，
printf （"％d \ n"，* var）；
```

2. 以下程序的输出结果是 （   ）。

```
♯include ＜stdio. h＞
int ast （int x，int y，int * cp，int * dp）
{ * cp＝x＋y；* dp＝x－y；}
main （）
{int    c，d；
ast （4，3，&c，&d）；printf （"％d％d \ n"，c，d）；
}
```

3. 若有定义：   char ch；

　(1) 使指针 p 可以指向字符型变量的定义语句是 （   ）。

　(2) 使指针 p 指向变量 ch 的赋值语句是 （   ）。

　(3) 通过指针 p 给变量 ch 读入字符的 scanf 函数调用语句是 （   ）。

　(4) 通过指针 p 给变量 ch 赋字符 A 的语句是 （   ）。

　(5) 通过指针 p 输出 ch 中字符的语句是 （   ）。

三、编程题

1. 请编写函数，其功能是对传送过来的两个浮点数求出和值与差值，并通过形参传送回调用函数。

2. 请编写函数，对传送过来的三个数选出最大数和最小数，并通过形参传回调用函数。

参考文献

[1]王先水,阳小兰,尤新华.c语言程序设计[M].武汉:武汉大学出版社,2012.

[2]谭浩强.C程序设计[M].4版.北京:清华大学出版社,2012.

[3]陈舜青,饶琛.c语言程序设计[M].南京:南京大学出版社,2008.

[4]田丽华.c语言程序设计[M].北京:清华大学出版社,2010.

[5]许薇,武青海.c语言程序设计[M].北京:人民邮电出版社,2010.

[6]张曙光,刘英,周雅洁,胡岸琪.c语言程序设计[M].北京:人民邮电出版社,2014.

[7]牛志成,徐立辉,刘冬莉.c语言程序设计[M].北京:清华大学出版社,2008.

[8]安俊秀.c语言程序设计[M].2版.北京:人民邮电出版社,2010.

[9]刘艳,王先水,赵永霞.c语言[M].天津:南开大学出版社,2014.

[10]杨路明.c语言程序设计[M].2版.北京:北京邮电大学出版社,2006.

[11]高维春,贺敬凯,吴亮.c语言程序设计项目教程[M].北京:人民邮电出版社,2010.

[12]PeterPrinz,Tony Crawford.c语言核心技术[M].北京:机械工业出版社,2007.

[13]朱小菲,刘玉喜.C程序设计教程[M].北京:清华大学出版社,2009.

[14]迟成文.高级语言程序设计[M].北京:经济科学出版社,2012.

[15]蔡明志.乐在c语言[M].北京:人民邮电出版社,2013.